植保无人机应用技术

何 平 著

中国农业出版社

北 京

图书在版编目（CIP）数据

植保无人机应用技术 / 何平著 . —北京：中国农业出版社，2022.10
ISBN 978-7-109-30174-0

Ⅰ．①植… Ⅱ．①何… Ⅲ．①无人驾驶飞机－应用－植物保护－职业培训－教材 Ⅳ．①S4

中国版本图书馆 CIP 数据核字（2022）第 190416 号

植保无人机应用技术
ZHIBAO WURENJI YINGYONG JISHU

中国农业出版社出版
地址：北京市朝阳区麦子店街 18 号楼
邮编：100125
责任编辑：张丽四
版式设计：杨 婧 责任校对：吴丽婷
印刷：北京通州皇家印刷厂
版次：2022 年 10 月第 1 版
印次：2022 年 10 月北京第 1 次印刷
发行：新华书店北京发行所
开本：880mm×1230mm 1/32
印张：6
字数：160 千字
定价：35.00 元

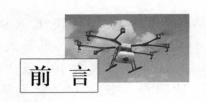

前　言

无人机就是用电子设备代替飞行员飞行的飞行器，植保无人机就是一种飞行施药的智能化农机具。

随着新材料、传感器、控制技术、动力电池技术的发展，无人机在民用领域的应用也越来越广泛，诸如航拍摄影、航测监测、航空应急、无人机消防和农用植保等。植保无人机主要用于病虫草害防治和化肥播撒等。我国耕地面积大、地形多样、农作物种类复杂，农业有害生物多发、频发、重发。据记载，全国农作物有害生物超过1 700种，包括虫害830种以上、病害720种以上、杂草60种以上、鼠害20种以上，其中可造成严重危害的超过100种。化学防治作为主要防治手段为我国的粮食生产作出过巨大贡献，但是传统防治手段的负面作用也越来越凸显。而植保无人机具有快速高效、节省人力、智能易操作、减少农药对人和土壤的危害等显著特征，已经成为我国农业现代化发展过程中替代传统农机具的智能装备之一。

日本等农业发达国家在植保无人机方面发展较早，技术和装备比较先进。我国植保无人机研究和应用起步晚，不过发展快。特别是2014年中央1号文件《关于全面深化农村改革加快推进农业现代化的若干意见》中提出"加强农用航空建设"以来，国家相继出台了多项指导性文件，随后每年的中央1号文件都会提出有关农用航空或者植保无人机方面的利好内容。基于此，各省份也陆续出台植保无人机示范推广或补助政策，刺激了市场活力。2021年我国已经把植保无人机正式列入农机购置补贴项目。截至2021年底，我国10L以上植保无人机市场保有量已超过12万台（套），稳居世界第一位，植保无人机年植保作业面积超过10.7亿亩次，有超过20万名飞手活跃在田间地头进行农作物病虫草害防治，植保无人机生产企业超过1000家，产品包括电动多旋翼无人机，油动、电动单旋翼无人机，油电混合多旋翼无人机等多个机型。

目前国内外出版了一些有关植保无人机方面的著作，对我国植保无人机的培训起到了指导性的作用。本书作者多年进行无人机技术研究，更关键的是多年来一直工作在无人机研发、制造、应用、培训教学第一线。本书是从理论到实践，又从实践到理论的循环往复检验中凝练而成的。

本书核心内容是作者承担的2018年河南省重大科技专项部分的研究成果。自2018年起本书部分章节内容作为河南省农业农村厅农机推广骨干培训班的教案，对全省农机推广站各级农机推广骨干进行了多期培训。自2018年起本书部分章节内容作为教程在河南省内三所职业技术学院无人机应用技术专业5届学生、泽达学院AOPA学员和购机客户中进行了理论教学和实践教学。应广大学生、学员和客户的要求出版本书，是为了方便大家学习、实操无人机。本书的使用对象主要是职业院校大中专学生、农业农村部门各级农机推广骨干、农机公司经营人员、农业植保合作社和新型农业服务组织无人机操作人员。

本书由河南泽达智能科技有限公司何平撰写，公司团队成员吴军、曹忠文和孟可欢参与了本书的修改和校对工作。本书在撰写过程中参考了大量国内农业植保和无人机文献，在此谨向书籍的作者、各位专家和同事表示感谢！本书中所用图片除了泽达智能无人机产品和科研成果图片外，其余均由我国各品牌植保无人机厂家提供。这些同行企业为我国植保无人机的发展做出了杰出贡献，在书中作为案例以图片进行展示，意在向这些企业家表示崇高的敬意，所用图片来源不再一一提及，在此一并表示真诚感谢！

　　本书属于交叉学科，既要突出其知识的丰富性，又要表现其可操作性，书中难免有不妥之处，敬请读者朋友批评指正，以便作者今后继续完善修改。

何　平

2022 年 6 月 8 日

目 录

前言

第一章　植保无人机概述 ……………………………… 1
第一节　植保无人机的定义 …………………………… 1
第二节　植保无人机的发展历史 ……………………… 2

第二章　植保无人机系统组成及飞行原理 …………… 7
第一节　植保无人机系统的基本组成 ………………… 7
第二节　单旋翼植保无人机 …………………………… 9
第三节　多旋翼植保无人机 …………………………… 11

第三章　植保无人机的发展方向和关键技术 ………… 24
第一节　植保无人机的发展方向 ……………………… 24
第二节　植保无人机的关键技术 ……………………… 32

第四章　植保无人机组装工艺基础 …………………… 43
第一节　植保无人机组装工具与材料 ………………… 43
第二节　植保无人机装配工艺 ………………………… 47

第五章　植保无人机调试技术 ………………………… 61
第一节　植保无人机调试步骤 ………………………… 61
第二节　植保无人机飞行控制器调试 ………………… 64
第三节　植保无人机遥控器和接收机调试 …………… 66

第四节　植保无人机动力系统调试 ……………………… 73

第五节　植保无人机保护功能及安全提醒 …………… 75

第六章　植保无人机施药技术……………………………… 78

第一节　植保无人机施药优势 ……………………… 78

第二节　植保无人机施药的专用药剂 …………… 85

第三节　植保无人机施药助剂 ……………………… 87

第四节　植保无人机配药与清洁 ………………… 92

第七章　植保无人机其他应用技术 ……………………… 96

第一节　植保无人机授粉作业技术 ……………… 96

第二节　植保无人机播撒作业技术 ……………… 102

第八章　植保无人机作业技术要领 ……………………… 106

第一节　植保无人机作业前准备 ………………… 106

第二节　植保无人机飞行前检测 ………………… 108

第三节　植保无人机农药喷洒要领 ……………… 113

第四节　植保无人机的检查与维护保养 ……… 123

第九章　植保无人机相关法律法规……………………… 128

第一节　植保无人机分类归属 ……………………… 128

第二节　植保无人机操作证件 ……………………… 128

第三节　植保无人机实名认证 ……………………… 132

第四节　植保无人机禁限飞区域 ………………… 139

附录 1　民用无人机驾驶员管理规定 ………………… 141

附录 2　植保无人飞机质量评价技术规范…………… 156

参考文献 ……………………………………………………… 182

第一章 植保无人机概述

第一节 植保无人机的定义

无人驾驶飞机是指由动力驱动、机上不乘坐操作人员的一种空中飞行器，简称无人机。它依靠空气动力为飞行器提供升力，能够依靠遥控器操作飞行，能携带多样化任务设备、执行多种任务，可一次或多次重复使用，是利用无线电遥控设备和自带的程序控制装置操纵的不载人飞行器。

无人机实际上是无人驾驶飞行器的统称，从技术角度定义可以分为固定翼飞机、垂直起降飞机、无人飞艇、无人直升机、无人多旋翼飞行器、无人伞翼机等。与载人飞机相比，它具有使用方便、造价低、体积小、对作业环境要求低、生存能力较强等优点。

固定翼飞机

无人多旋翼飞机

植保无人机是指在农业领域内执行飞行作业任务的航空器，也叫农用航空器、农用无人机、无人植保机等。植保无人机具有作业效率高、作业飞行速度快、应对突发灾害能力强等优点，它克服了传统农业植保机械或人工背负药桶无法进地作业的难题，其发展前景受到农业植保领域的高度重视。2014 年中央 1 号文件明确提出要"加强农用航空建设",为植保无人机的发展指明了方向;随后每年的中央 1 号文件都提到了"智慧农业""农用航空"及"植保无人机",为我国植保无人机应用技术的飞速发展提供了明确的发展方向。

第二节 植保无人机的发展历史

日本是最早将小型无人机用于农业生产的国家。日本 20 世纪 70 年代工业化发展迅速,适龄劳动力大多进城寻找工作机会,农村劳动力稀缺,日本山叶集团有限公司(以下简称日本山叶公司)于 1990 年推出世界第一架用于喷洒农药的植保无人机 R50,挂载 5kg 的药箱。

此后,植保无人机在日本农林业方面的应用发展迅速,无人机旋翼和发动机转速被降低以适应农业作业的要求,植保无人机施药参数不断改进,施药雾滴分布均匀性降低到 30% 以下。日本山叶公司植保无人机除 R50 外,还有 R-max 与 FAZER 等新型系列植保无人机,最大药箱容量位为 32L。

目前,采用小型植保无人机进行农业生产已成为日本农业发展的重要趋势之一,小型植保无人机在日本经历了 30 余年的历史。

日本山叶公司农用喷洒无人直升机

　　中国植保无人机研发起步较晚，自"十一五"期间国家"863"计划设立的"新型施药技术与农用药械"重点项目研发植保无人机以来，至今已发展 10 多年，发展迅速。早在 2000 年，北京必威易创基科技有限公司就从日本陆续进口了 6 架日本山叶公司的 R50 型植保无人机用于农药喷洒。该公司是我国首个应用植保无人机的农业服务公司。2005 年 12 月，当日本山叶公司准备出口第 10 架同类型飞机时，被名古屋海关扣押，日本政府以植保无人机可能被用于军事用途为由禁止日本山叶公司继续将植保无人机销售到中国。

　　2005—2006 年，中国农业大学、中国农业机械化研究院、农业部南京农业机械化研究所等科研机构开始向农业部、科技部、教育部等相关部门提议立项进行植保无人机的研制工作。经过前期准备和多次申报，2008 年农业部南京农业机械化研究所、中国农业大学、中国农业机械化研究院、南京林业大学、总参谋部第六十研究所等单位共同承担的科技部国家"863"计划项目"水田超低空低量施药技术研究与装备创制"开始实施，这标志着我国科研机构正式开始探索植保无人机航空施药技术。该项目以中航集团六十所研发的 Z-3 型油动单旋翼直升机作为飞行平台与控制系统，研制出油动单旋翼植保无人机，装配 10kg 药箱，搭载由山东卫士植保机械有限公司和中国农业大学植保机械与施药技术研究中心合作研发的 2 个超低量离心雾化喷头。

　　2008 年，中国农业大学植保机械与施药技术研究中心和山东卫士植保机械公司、临沂风云航空科技公司开始合作进行低空低量遥控多旋翼无人机施药机的研发工作，于 2009 年研制出国内外第一款多旋翼植保无人机，包括搭载 10L 药箱的 8 旋翼植保无人机和搭载 15L 药箱的 18 旋翼植保无人机这两种机型，此后几年在全国 13 个省份进行了示范和推广。山东省科技厅组织的由华南农业大学罗锡文院士作为主任的鉴定委员会对该成果的鉴定结论为："项目取得了多项创新，在低空低量遥控多旋翼无人施药技术方面，该项目综合性能达到国际先进水平。"

　　我国油动单旋翼植保无人机的民间开发实际上较国家"863"

计划项目更早。2010 年，无锡汉和航空技术有限公司生产的 3CD-10 型单旋翼油动植保无人机首次在郑州全国农业机械博览会上亮相。这是国内首款在市场上销售的油动单旋翼植保无人机，开启了中国植保无人机商业化的第一步。2012 年 4 月，全国首次"低空航空施药技术现场观摩暨研讨会"在北京召开，油动和电动、单旋翼和多旋翼等类型植保无人机 12 种以及人驾动力伞植保飞行器共同亮相现场观摩会。以此为起点，低空低量航空施药技术研究逐渐成为热点。

2012 年农业部国际合作司发起并组织了为期 2 年的中日韩植保无人机国际合作研究项目"植保无人机水稻航空施药技术研究"。中日韩三方研究人员在项目执行期内不同时期在三个国家分别进行了大量的人员交流和植保无人机施药田间试验。三方所有参与成员共享无人机施药技术研究成果和信息，撰写了题为《日本和韩国水稻田间植保机械应用考察》的项目总结报告。至此，植保无人机施药技术在中国已呈渐起之势，无人机施药到底能不能用、管不管用是管理部门、研究人员、生产厂家和农民都密切关心的问题。为了评估植保无人机的工作性能和作业效果，农业部于 2013 年 1 月在海南水稻种植区对 13 种国产植保无人机进行了田间施药测试。测试结果表明，参试的所有国产无人机喷雾作业均对水稻病虫害有明显的防治效果。

农业部从 2013 年起开始在全国范围内推广无人机航空植保技术。2014 年 5 月，由中国工程院院士、华南农业大学教授罗锡文担任理事长的中国农用航空产业创新联盟在黑龙江佳木斯正式成立，在成立会上，罗锡文理事长提议起草一份报告提交给国务院有关部门，建议国家大力促进植保无人机和农业航空发展、大力推动农业航空事业的发展。2014 年 7 月 18 日，在中国农业大学召开的由华南农业大学罗锡文院士主持，浙江大学何勇教授、南京农机化研究所薛新宇研究员、中国农业科学院袁会珠研究员等十多位专家共同参加的讨论会上，专家们讨论了由中国农业大学何雄奎教授起草的《关于建议大力促进植保无人机和农业航空发展的报告》。此报告呈国务院后，得到国务院领导的批示，农业部根据国务院领导的批示，于 2015 年在湖南与河南两省开始试点补贴植保无人机，自此植保无人机在我国的推广应用步入了快车道。

2015 年"十三五"规划实施以来，国家层面也对植保无人机的发展给予了大力支持，在 2016 年首批国家"农药肥料双减"计划专项、2017 年科技部"智能农机研发"专项、2018 年国家自然科学基金委重点项目"植保无人机农药雾化沉积与高效利用"中都对植保无人机关键工作部件与施药技术给予了重点支持。

2015 年是各类资本进入植保无人机领域的元年，社会资本的进入也是助推植保无人机在我国高速发展的主要与重要因素之一，资本市场尤其看好在应用领域除消费级无人机外的植保无人机市场。在资本市场的大力推动下，各类无人机得到了迅速发展，尤其是植保无人机在我国得到了高速的发展。

2015 年深圳大疆创新科技有限公司推出 MG-1 型电动多旋翼农业植保无人机，正式进军农用无人机领域，与广州极飞科技股份有限公司、深圳高科新农技术有限公司、无锡汉和航空技术有限公司、安阳全丰生物科技有限公司等植保无人机创新企业一起，带动全国 150 多家企业 360 多种型号植保无人机产品在全国各省开始进行农作物病虫草害防治示范推广应用。

多旋翼农业植保无人机

在植保无人机标准建设方面，2016 年我国首个植保无人机标准《江西省地方标准——植保无人机》（DB 367T 930—2016）出台，这是我国第一个关于植保无人机的地方标准。紧随江西省之后，广西、湖南、山东等省份相继出台省级地方标准，2018 年农业农村部正式出台了我国首个行业标准《植保无人飞机质量评价技术规范》（NY/T 3213—2018）。

经过全国大多数省份持续 7 年的示范推广和试点补贴，我国植保无人机在产品质量上不断提高，在喷洒系统及挂载应用上不断提升，在规范和标准上逐渐完善，形成了一大批国际领先的植保无人机品牌。2021 年，农业农村部把植保无人机列入农机补贴目录，要求全国各省进一步大力推广。

随着市场示范和推广应用的不断深入，我国植保无人机在动力、结构和载重上渐趋稳定。按结构主要分为单旋翼和多旋翼两种，按动力系统可以分为电池动力与燃油动力两种，各种型号产品达 200 多种，一般空机重量 10～50kg，药箱容积 5～30L 不等，作业高度 1.5～5m，作业速度＜8m/s。电池动力系统的核心是电机，电动无人机操作灵活，起降迅速，单次飞行时间一般为 10～15min；燃油动力系统的核心是发动机，油动无人机灵活性相对较差，机身大，需要一定的起降时间，单次飞行时间可超过 1h，维护较复杂。单旋翼无人机药箱载荷多为 10～30L，部分机型载荷可达 30L 以上；多旋翼无人机多以电池为动力，较单旋翼无人机药箱载荷少，多为 5～20L，其具有结构简单、维护方便、飞行稳定等特点。

第二章　植保无人机系统组成及飞行原理

第一节　植保无人机系统的基本组成

植保无人机是用于农林植物保护作业的无人驾驶飞机。该型无人飞机由飞行平台（直升机、多旋翼）、飞行控制系统、动力系统及喷洒系统组成，通过地面人员遥控或飞控自主作业来实现喷洒。

一、飞行平台

飞行平台是各模块搭载的基础平台，为各系统的组成提供框架，为固定控制系统、动力系统、喷洒系统、机载设备提供安装接口。一般使用强度高、重量轻的材料，例如碳纤维、航空铝材等材料。

二、飞行控制系统

飞行控制系统又称为飞行管理与控制系统，相当于植保无人机系统的"大脑"部分。飞行控制系统集成了高精度的感应器元件，主要由陀螺仪（飞行姿态感知）、加速计、角速度计、气压计、GPS及指南针模块（可选配）、以及控制电路等部件组成。对无人机的稳定性、数据传输的可靠性、精确度、实时性等都有重要影响，对其飞行性能起决定性的作用。

三、动力系统

如果说飞行控制系统是无人机的"大脑"，那么动力系统则被誉为无人机的"心脏"，包括动力套装（电机、电子调速器）、螺旋桨、电池。它在整个飞行器系统中起着动力输出的作用，为无人机飞行提供动力，实现无人机的各种姿态飞行。

（1）电机：它是将电能转化为机械能的一种转换器，由定子、转子、铁心、磁钢等部分组成，是一种典型的机电一体化产品，在整个飞行系统中起着提供动力的作用。相当于无人机的发动机。

（2）电调：即电子调速器，英文为 Electronic Speed Control（简称 ESC）。在整个飞行系统中，电调主要提供驱动电机的指令，以此来控制电机，完成规定的速度和动作等。它相当于无人机的变速箱，给电机供电、控制电机转速的电子遥控器。

（3）螺旋桨：是无人机产生推力的主要部件，螺旋桨的叶片，简称桨叶。桨叶是通过自身旋转，将电机转动功率转化为动力的装置。在整个飞行系统中，桨叶主要提供飞行所需的动能。按材质一般可分为尼龙桨、碳纤维桨和木桨等，相当于汽车的轮胎。

（4）电池：电池是将化学能转化成电能的装置。在整个飞行系统中，电池作为能源储备，为整个动力系统和其他电子设备提供电力来源。目前在多旋翼飞行器上，一般采用普通锂聚合物电池或者智能锂聚合物电池等。特点是能量密度大、重量轻、耐电流数值较高等。植保无人机常用的是电池规格 6S、12S，这个参数一般是指电芯的数量，6S 就是指有 6 片电芯，12S 是指有 12 片电芯。常用的电池容量有 10 000mAh、16 000mAh、22 000mAh 等，mAh（毫安时）指电池在安全状态下可以释放的最大电量。

四、喷洒系统

植保无人机的喷洒系统主要包括药箱、水泵、软管和喷头。使用时，将配好的农药装入药箱，用水泵提供动力引流，再通过导管到达喷头，将农药均匀喷洒到农作物表面。

（1）药箱：药箱设计的关键是要防止药箱震荡，因为植保无人机是在高速飞行的过程中执行喷洒作业任务的，防震荡药箱可以保证植保无人机的稳定性，稳定的飞行状态是落实均匀喷洒的关键。

（2）水泵：植保无人机使用的水泵通常分为蠕动泵、齿轮泵和高压泵。

（3）喷头：目前植保无人机喷洒系统主要使用扇形压力喷头。它通过高压隔膜泵产生的压力，使药液通过压力喷嘴时，在压力作用下破碎成细小液滴，形成扇形雾粒，同时因药液下压力大、穿透性强，产生的药液飘移量较小，不易因温度高、干旱等蒸发散失。植保无人机果树作业时会使用离心喷头，离心式喷头主要利用电动机驱动叶盘，将叶盘内的药液利用离心作用甩出叶盘，以实现喷洒的效果。电动离心喷头的工作原理为：电机驱动雾化盘高速转动，液泵将药液由药液箱经输液管、喷嘴送到雾化盘的薄圆盘上，药液在离心力的作用下，沿着雾化盘外缘上的齿尖呈螺旋线状飞出，通过与空气撞击形成细小的雾滴。这种雾化方式，可通过改变电机的电压调节雾化盘的转速，以达到调整雾滴体积中径的目的，还可以通过更换喷嘴或调节液泵电机的电压改变喷头流量。

第二节　单旋翼植保无人机

单旋翼植保无人机又称植保无人直升机，分为电动单旋翼植保无人机和油动单旋翼植保无人机。单旋翼植保无人机的结构组成包括发动机动力装置、传动装置、主旋翼、尾桨、机身结构件、起落架和喷洒系统等。

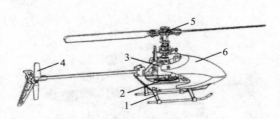

无人直升机的结构组成

1. 起落架　2. 传动装置和喷洒系统　3. 动力装置　4. 尾桨　5. 主旋翼　6. 机身。

单旋翼植保无人机的水平移动和升降主要是依靠调整主桨的角度实现的，转向是通过调整尾部的尾桨实现的，主桨和尾桨的风场相互干扰的概率较低。特点是风场统一、下压风场大，桨叶产生的下旋气流能够使药液到达作物底部的叶背，能够满足高秆作物、果树等作业需求。

单旋翼植保无人机具有诸多优点，如作物适用面广，作业高度低，飘移少，可空中悬停，不需要专用起降机场，旋翼产生的向下气流有助于增加雾流对作物的穿透性，防治效果好，可远距离遥控操作，避免了喷洒作业人员暴露于农药的危险，提高了喷洒作业安全性等。

一、单旋翼植保无人机的特点

（1）药箱容量大。单旋翼植保无人机比较像我们常见的直升机，指的是只有一对螺旋桨，而且螺旋桨非常大，动力比较足，使用搭载的药箱容量非常大。

（2）风场稳定。单旋翼植保无人机只有一对旋翼，飞行作业时产生的下压风场稳定，气流不紊乱，可以把农药混合液均匀地附着在农作物茎秆和叶子的正反面，施药效果好。

（3）抗风能力好。单旋翼植保无人机电机动力大，飞行的平行性非常好，而且旋翼的动力强劲，不会轻易受风力影响，所以飞行比较平稳，如高科新农 S40 电动植保无人机。

高科新农 S40 电动植保无人机

二、单旋翼植保无人机的不足之处

单旋翼植保无人机的优势明显，劣势也非常明显。

（1）对飞手操作要求非常高。单旋翼植保无人机虽然也可以使用自动飞行的飞控，但是它的结构比较复杂，无人机遇到故障的时候就需要熟练的飞手来操作；遇到炸机也需要专门的人员来维修。

（2）维护、维修成本高。单旋翼植保无人机需要由多个机械连接部件组成，飞机的长期运转会对机械连接部件损伤非常大，造成较大磨损，所以需要经常换配件，导致单旋翼无人机维护成本高。

（3）对农作物损伤大。单旋翼植保无人机螺旋桨非常大，使无人机下压风力大，会吹断农作物的茎叶，特别是根系较浅的农作物以及成长初期的农作物幼苗，不适合使用单旋翼植保无人机进行除草剂作业。

（4）销售价格更高。相对于多旋翼植保无人机来说，单旋翼植保无人机的发动机技术要求高，成本大，市场销售价格更高，通常要十几万元一台，不适合作为农机具使用。

第三节 多旋翼植保无人机

多旋翼无人机是近几年才发展起来的一种无人机，其历史尚短。它脱胎于航空模型，所以很多人也认为多旋翼无人机是航模。航空模型一般称为无线电控制（英文缩写为RC），如果无线电控制是从一个遥远的地理位置制导或控制的，则属于无人机。但是无人机不一定都是无线电控制的，因为无人机也可以根据预先设置的程序来飞行。

多旋翼无人机，是一类通过多个定距桨（螺旋桨）正反旋转与转速控制提供飞行器升力与飞行器姿态调整的飞行器。

多旋翼无人机按动力轴个数可分为三轴、四轴、六轴、八轴甚至十八轴等；按发动机个数可分为三旋翼、四旋翼、六旋翼、八旋翼甚至十八旋翼等。

大家需要明确一点，轴和旋翼一般情况下是相同的，但有时候也可能不同，比如四轴八旋翼，它是在四轴的每个轴上、下各安装一个电机构成八旋翼。

一、多旋翼植保无人机的特点

1. 机动性强

多旋翼植保无人机由于体积相对较小，机臂可以折叠，占用运输空间小，机动性强，搬运转场方便，更适合于农村小型机动车的运输。在农村，一辆小三轮车就可以放下一整台（套）植保无人机（包括无人机、电池、充电器或者发电机，以及配药水桶、农药等病虫草害防治必需设备）。多旋翼植保无人机是一种真正适合农作物病虫草害防治的智能农业机具。

2. 受场地限制小

我国除了东北、西北个别省份外，大多数农田都还不具备大田作业的条件。尤其是大部分丘陵山地农田的田间道路窄小，植保无人机的起降条件有限。而这恰恰是多旋翼植保无人机替代其他机型更多地应用与农业植保服务的明显优势，它不受场地大小影响，对地面的平整度要求也不高，一般有 $2m^2$ 左右的地方就可以自由起降。

3. 方便易学

多旋翼植保无人机结构简单，模块化设计，智能化程度高，简单易学，安装维护方便，不受操作者年龄和学历限制。

多旋翼无人机

二、多旋翼植保无人机的结构

多旋翼无人机系统主要由机架、动力系统、飞行控制系统、遥控系统、任务挂载系统五部分组成。

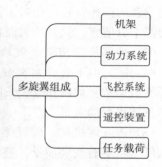

多旋翼无人机组成结构框图

机架

机身

1. 机架

机架是指多旋翼植保无人机的机身架，是整个飞行系统的飞行载体。根据机臂个数不同可分为三旋翼、四旋翼、六旋翼、八旋翼、十六旋翼、十八旋翼，也有四轴八旋翼等，结构不同名称也不同。四旋翼有 X 形结构，是当下使用较多的控制方式，除此之外还有十字形结构，这两者原理大致相同，细节小异。机架的重量决定了整个飞行器的基础重量，从而会间接影响飞行器的载重和飞行时间。而这些性能参数主要由机架的材质决定。下面介绍按材质分类的几种机架。

(1) 塑胶机架。塑胶机架，其材质由塑胶制作而成，主要特点是：具有一定的刚度和强度，同时又有一定的可弯曲度。其材质适合初学者的摔摔打打，相对来说较为便宜（当然不是说所有的塑胶机架都十分便宜，只是相对而言多数便宜）。

(2) 玻璃纤维机架。玻璃纤维机架强度比塑胶机架强度要高（即"耐摔"，但不建议大家做此尝试）。因为其强度较高，所以玻璃纤维机架常常被制作成长长的管道形，而且需要的材料很少，减少了整体机架的重量。

(3) 碳纤维机架。碳纤维机架与玻璃纤维机架相比相差无几，但碳纤维机更有发展前景。整体来说，玻璃纤维机架和碳纤维机架的价格比其他机架贵一些。

(4) 钢制或铝合金机架。钢制或铝合金材料所做出的机架有各种缺点，所以不建议使用。对于有些动手能力强的读者，可以尝试使用现成的工具制作出特定的机架。

出于结构强度和重量的考虑，一般使用强度高、重量轻的材料，例如玻璃纤维、碳纤维。下图即为 PA66＋30GF（66％塑胶原料加 30％玻璃纤维）制成的风火轮 F550。

风火轮 F550

起落架为多旋翼无人机唯一和地面接触的部位，它用于将飞行器垫起一定高度，以便为药箱等挂载设备腾出空间，还可以提供降落缓冲，保障机体安全。对起落架的要求是强度要高，结构要牢固，并且要和机身保持相当可靠的连接，能够承受一定的冲力。一般要在起落架前后安装或者涂装上不同的颜色，以便在多旋翼无人机远距离飞行时能够区分其机身前后。

2. 动力系统

（1）电机。电机（Electric Machinery）是多旋翼无人机的动力机构，提供升力、推力等，并且可以通过改变转速来改变飞行器的飞行状态。电机分为有刷直流电机和无刷直流电机两类。有刷电机是早期电机，它是将磁铁固定在电机外壳或者底座上，成为定子；然后将线圈绕组，成为转子。有刷电机内部集成了电刷进行电极换相，保持电机持续转动。无刷电机去除了电刷，最直接的变化就是没有了有刷电机运转时产生的电火花，这样就极大地减少了电火花对遥控无线电设备的干扰。无刷电机没有了电刷，运转时摩擦力大大减小，运行顺畅，噪音会低许多。多旋翼植保无人机采用的就是无刷电机。

无刷电机

（2）螺旋桨。动力系统的组成中另一个非常重要的部分就是螺旋桨。螺旋桨是通过自身旋转，将电机转动功率转化为动力的装置。在整个飞行系统中，螺旋桨主要起到提供飞行所需的动力的作用。螺旋桨产生的推力非常类似于机翼产生升力的方式。其产生的升力大小依赖于桨的形态、螺旋桨迎角和发动机的转速。螺旋桨桨叶本身是扭转的，因此桨叶角从毂轴到叶尖是变化的。最大安装角在毂轴处，而最小安装角在叶尖处。多旋翼植保无人机安装的都是不可变总距的螺旋桨，主要指标有螺距和尺寸。桨叶的指标是 4 位数字，前面 2 位数字代表桨叶的直径（单位：英寸*），后面 2 位数字是桨叶的螺距。偶数轴的飞行为了抵消螺旋桨的自旋，相邻的桨叶旋转方向是不一样的，所以需要正反桨。正反桨的风都向下吹。适合顺时针旋转的叫正桨，适合逆时针旋转的叫反桨。安装的时候，需记得无论正反桨，有字的一面是向上的（桨叶圆润的一面要和电机旋转方向一致）。

尼龙桨　　　　　　　　碳纤维桨　　　　　　　　木桨

　　对于电机与螺旋桨如何搭配，电机生产厂家会在电机出厂时进行检测，给出该电机匹配的桨叶尺寸，以及电机在输入电压情况下的输出能量。原因是螺旋桨越大，升力就越大，但对应需要更大的力量来驱动；螺旋桨转速越高，升力越大；电机的 KV 值［电机的转速（空载）/电压］越小，转动力量就越大。综上所述，大螺旋桨就需要用低 KV 值的电机，小螺旋桨就需要用高 KV 值的电机（因为需要用转速来弥补升力不足）。如果高 KV 值电机带大桨，力量不够，那么就很困难，实际还是低速运转，电机和电调很容易被烧掉。如果低 KV 值电机带小桨，完全没有问题，但升力不够，可能造成无法起飞。下表列举了几种电机与螺旋桨的选择（表1）。

---

　　* 英寸为非法定计量单位，1 英寸＝25.4 毫米。——编者注

表 1　电机与螺旋桨的选配

电机 KV 值	螺旋桨尺寸（英寸）
800～1 000	11～10
1 000～1 200	10～9
1 200～1 800	9～8
1 800～2 200	8～7
2 200～2 600	7～6
2 600～2 800	6～5

在选择电机和螺旋桨时需要慎重，因为这些关系到使用者和植保无人机附近人员的安全。一般来说，低速大螺旋桨比高速小螺旋桨的力效更高，但是产生的振动会更大。

（3）电池。电动多旋翼植保无人机上电机的工作电流非常大，需要采用能够支持高放电电流的动力可充电锂电池供电。在整个飞行系统中，电池作为能源储备，为整个动力系统和其他电子设备提供电力来源。放电电流的大小通常用放电倍率来表示，即 C 值。C 值表示电池的放电能力，也是放电快慢的一种度量，这是普通锂电池与动力锂电池最大的区别。放电电流分为持续放电电流和瞬间放电电流。锂离子电池的充放电倍率，决定了我们可以以多快的速度，将一定的能量存储到电池里，或者以多快的速度，将电池里的能量释放出来。放电倍率越快，所能支撑的工作时间就越短。若电池的容量 1h 放电完毕，则称为按 1C 放电；若 5h 放电完毕，则称为按 0.2C 放电。例如容量为 1 000mAh 的电池如果是 5C 的放电倍率，那么该电池的持续放电电流可以达到 5A，但持续的时间只有 12min。容量为 5 000mAh 的电池如果最大放电倍率为 20C，则其最大放电电流为 100A。电池的放电电流不能超过其最大电流限制，否则容易烧坏电池。放电倍率与放电电流和额定容量的关系可以表示如下：

$$放电倍率(C) = \frac{充放电电流（A）}{额定容量（mA \cdot h）}$$

除了放电倍率的参数特性外，锂离子电池还有如下几个很重要的参数：

①电池容量。电池容量表示电池内存储的电量，单位为毫安时（mA·h）。

②xSyP 参数。锂离子电池一般制作成标准的电芯，单颗电芯的电压为 3.7～4.2V，成品锂离子电池都由若干电芯串联或者并联组合而成。锂离子电池型号一般表示为 xSyP，其中 x、y 为数字，例如 3S1P 和 4S1P 等。x 表示电池串联的个数，单节电池电压为标准的 3.7V，因此 xS 的电池电压为 3.7x（V），例如 3S 电池电压为 11.1V。y 表示电池的并联个数，并联并不影响电压，但可提供更大的电流，一般默认为 1 节电池并联。放电电流大小就是单节电池的放电电流的值，例如，3S2P 就是指 6 节电池，每 2 节电池并联成 1 组后再把 3 组电池串联起来。

③内阻。锂离子电池的欧姆内阻主要是由电极材料、电解液、隔膜电阻及各部分零件的接触电阻组成的，与电池的尺寸、结构和装配有关。电池的内阻很小，一般用毫欧（mΩ）单位来定义。内阻是衡量电池性能的一个重要技术指标，正常情况下内阻小的电池的放电能力强，内阻大的电池的放电能力弱。

锂离子电池在无人机系统中占有非常重要的地位，尤其在实际飞行过程中，随着电池的放电，电量逐渐减少。研究表明，在某些区域，电池剩余容量与电池电流基本呈线性下降关系。而在电池放电后期，电池剩余容量随电流的变化可能是急剧下降的，所以一般会设置安全电压，例如 3.4V 或其他电压。因此，飞行控制系统需要能够实时监测电量，并确保无人机在电池耗完电前有足够的电量返航。另外，不仅在放电过程中电压会下降，而且由于电池本身的内阻，其放电电流越大，自身由于内阻导致的压降就越大，所以输出的电压就越小。特别需要注意的是在电池使用过程中，不能使电池电量完全放完，不然会对电池造成电量无法恢复的损伤。

目前在多旋翼植保无人机上，一般采用普通锂电池或者智能锂电池。

普通锂电池　　　　　　　智能锂电池

（4）电调。电调全称为电子调速器（Electronic Speed Controller，简称 ESC）。电调主用飞控输出的脉冲宽度调制（Pulse Width Modulation，简称 PWM）弱电控制信号为无刷电机提供可控的动力电流输出。飞控板提供的控制信号的驱动能力无法直接驱动无刷电机，需要通过电调最终控制电机的转速。在整个飞行系统中，电调的作用就是将飞控控制单元的控制信号快速转变为电枢电压大小和电流大小可控的电信号，以控制电机的转速，从而使飞行器完成规定的速度和动作等。

电调

电调的主要参数就是电流和内阻。

①电流。无刷电调最主要的参数是电调的电流，通常以安培来表示，如 10A、20A 和 30A。

②内阻。电调具有相应的内阻，需要注意其发热功率。有些电调电流可以达到几十安培，发热功率是电流平方的函数，所以电调的散热性能也十分重要，因此大规格电调内阻一般比较小。

一般电调出厂之后都需要进行行程校准，这个过程相当于让电调知道所用的 PWM 输入信号的最小和最大占空比，并在这个范围之内进行线性对应关系转换。厂家都会提供行程校准的方法，一般通过控制电调驱动电机发出一定频率的音频声音来进行标定确认。

由于电机的电流是很大的，通常每个电机正常工作时，平均有 3A 左右的电流，如果没有电调的存在，飞行控制系统根本无法承受这样大的电流，而且飞行控制器也没有驱动无刷电机的功能。同时电调在多旋翼无人机中也充当了电压变化器的作用，将 11.1V 电压变为 5V 电压，给飞行控制系统供电。

电机和电调的连接，一般情况如下：

①电调的输入线与电池连接；

②电调的输出线（有刷电调 2 根、无刷电调 3 根）与电机连接；

③电调的信号线与接收机连接。

另外，电调一般有电源输出功能（BEC），即在信号线的正、负极之间有 5V 左右的电压输出，通过信号线为接收机及舵机供电。

3. 飞行控制系统

多旋翼植保无人机与固定翼无人机系统的最大区别就是旋翼机本身是一个不稳定系统，也就是在对系统进行无输入控制的情况下，系统会逐渐发散，导致不稳定，甚至坠机；而固定翼无人机本身是一个天然的稳定系统，当没有任何系统和控制输入的时候，系统也能够自行保持稳定飞行。

飞行控制系统（简称为"飞控"）是飞行器的控制中枢，其核心是一个 CPU（是 Central Processing Unit 的英文缩写，中央处理器），采用微处理器作为处理中枢，再通过串行总线扩展连接高精度的感应器元件，主要由陀螺仪（飞行姿态感知）、加速计、角速度计、气压计、GPS 及指南针模块（可选配），以及控制电路等部件组成。飞行控制系统实现了传统的 IMU（是 Inertial Measurement Unit 的英文缩写）惯性测量单元进行状态和姿态估算，同时通过高效的控制算法内核以及导航算法，再通过主控制单元实现精准定位悬停和自主平稳飞行。根据机型的不同，可以有不同类型的飞行控制系统，下图所示是深圳市大疆创新科技有限公司出产的两款多旋翼飞行控制系统。

A2 多旋翼飞控　　　　　　　　　　　N3 多旋翼飞控

（1）飞控板。飞控板的主要功能包括无人机姿态稳定与控制，与导航系统协调完成航迹控制，无人机起飞（发射）与着陆（回收）控制，无人机飞行管理，无人机任务设备管理与控制，应急控制及信息收集与传递。

飞控板

（2）传感器。传感器主要包括：GPS，进行位置定位；COMPASS磁罗盘，确定飞行器的航向；气压计，进行高度测量；飞控主控，对无人机实现全权控制与管理；IMU惯性测量单元，测量物体三轴姿态角（或角速率）以及加速度的装置，空速管主要用来测量飞行速度，同时还兼其他多种功能；视觉定位系统、光流传感器和超声波传感器等。通常会把IMU、气压计集成到主控中，如APM飞控。

APM 主控（含 IMU、气压计）　　　　GPS 及指南针模块

4. 遥控系统

植保无人机的遥控器和遥控接收机是遥控系统的重要组成部分，它负责将地面操控人员的控制指令传送到机载飞控上，以便飞控按照指令执行。

接收机装在无人机机身上。多旋翼植保无人机一般选用轻便的遥控器，易于使用，操作简单，但遥控距离一般较短，适用于目视距离的操控。遥控器选用的通道数决定了可以控制无人机完成的功能，对于四轴无人机来说至少需要 4 个通道的遥控器，当然多一些可以完成更多的功能。按通道数来说，遥控器常见的有 6 通道、8 通道、9 通道和 12 通道。每一个通道在遥控器上都能找到相应的控制部分，这些通道用于控制飞行器实现不同的功能。需要注意的是，通道数越多遥控器越贵，所以说使用者应该按需选择。

遥控器　　　　　　　　　　　接收机

5. 任务挂载系统

植保无人机的任务挂载就是喷洒系统。该系统是无人机中用于喷洒农药防治病虫害的功能系统，主要包括药液箱、软水管、高压隔膜泵、喷头以及电磁控制阀。其中喷头技术主要分为压力式雾化、离心式雾化两种路线。我国在此基础上研究出了旋转式液力雾化、静电液力雾化等多种新型喷头，以满足高精准作业场景需求。

（1）扇形压力喷头。该喷头的原理是通过压力泵对药液施加1～3kg 的压力到扇形压力喷头喷射出去，药液的雾滴直径一般在 70～120μm。其优点是药液下压力较大，产生的药液飘移量较小，在干旱地区的蒸发量较小；缺点是药液雾化不均匀，雾滴直径相差较大。

（2）离心喷头。该喷头的原理是，通过电机带动离心喷头高速旋转将药液破碎后利用离心力甩出。其优点是药液雾化均匀，雾滴直径相差不大；缺点是离心喷头的配件很容易出现问题，寿命较短，更换频率较高，而且离心喷头基本上没有什么下压力，完全凭借无人机的风场下压，相比压力喷头而言飘移量大一些，对高茎秆农作物和果树来说防治效果差一些。

扇形压力喷头　　　　　　　　　　离心喷头

第三章 植保无人机的发展方向和关键技术

第一节 植保无人机的发展方向

植保无人机在我国发展较晚，但是发展速度快、势头猛，在国际农机行业已成后来居上之势。国内各品牌植保无人机不仅在国内市场突飞猛进，在出口方面也是风生水起。植保无人机应用技术也在逐步与传统的地面机械协同应用、互相补充，寻找更加适合于不同市场和不同作业环境的技术方案，形成地空结合的综合植保服务模式。在无人机机型和动力上逐渐向多旋翼电动植保无人机的方向趋同，油动和混合动力植保无人机则逐渐沦落为非主流机型；在旋翼数量上则因其载荷不同而向多样化发展。不管怎样，植保无人机应用的标准和技术参数还需要不断得到市场应用的验证。随着我国农业农村部门在植保无人机方面各项政策的大力推动，植保无人机也必将得到更加广泛的推广和应用，其技术发展方向也必将随着现代智能制造技术的进步向着更智能、更加人性化的方向突飞猛进。

一、轻量化设计

自重和载重一直以来都是限制植保无人机行业发展的左右手，市场总是期待更大载重的无人机产品，而供应链方面又很难匹配到载重又大、搬运又方便的无人机适用材料。单方面加大电池的功率以期提高无人机的载重是不现实的，因为电池动力的增加势必加大电池和无人机机架的自重，反而达不到无人机挂载量提高的目标。无人机电池动力和挂载物重量的增加必然会带来无人机机架耐受负

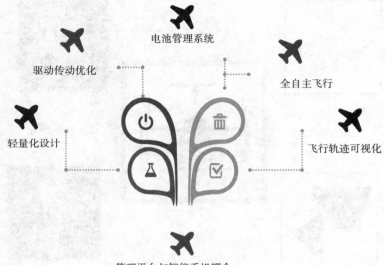

电池管理系统

驱动传动优化

全自主飞行

轻量化设计

飞行轨迹可视化

管理平台与智能手机耦合

荷的增加。这个目标的达成从经验和技术上都指向了无人机相关材料轻量化这一方向。

植保无人机作业环境又限定了无人机转场作业必须轻便易行。轻便的植保无人机才能适合于连续不断地多架次飞防作业，达到快速防治病虫草害的植物保护的目的。植保无人机作业往往又存在小地块、不规整、不平坦、障碍物多等地理地貌特点，这一切都限定了植保无人机的合理载重范围。

碳纤维复合材料因为既有刚性又有韧性，是目前最符合轻量化的材料选择，高密度锂离子电池也替代了锰酸锂成为无人机轻量化的机会。无人机研发机构甚至也在机壳内的核心部件上不断地减重以增加无人机挂载任务的最大化。

二、全自主飞行

植保无人机的发展是智能制造技术集成应用的伟大成果。一款优秀的农机产品的显著特点就是方便使用、学习简单、让用户快速

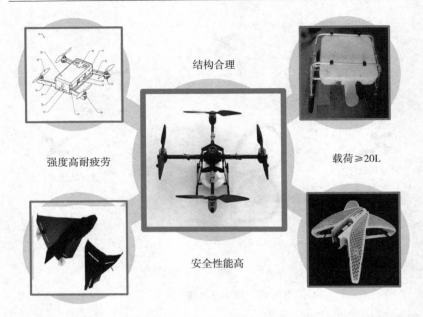

结构合理

强度高耐疲劳

载荷≥20L

安全性能高

上手。从用户思维出发研制植保无人机就是从农民的角度出发。要做好植保无人机的设计，必须了解农业、了解农村、了解农民。中国地域辽阔，地形地貌复杂多样，平原、丘陵、山地都有农田。不同的地块又有着类似的障碍物，如电线杆、电线、树等。这就要求植保无人机的智能化水平要更高，一旦规划好地块，无人机既能贴近农作物梢部仿地飞行，时高时低，又能躲避田间的障碍物，全自主飞行，顺利完成植保作业任务。一键起飞、智能避障、仿地飞行、智能规划作业航线等技术，成为植保无人机的必备功能。

1. 一键起飞

一键起飞要求植保无人机操作的智能化越来越高。飞手不一定有很高的学历，更不需要通过长期的培训就可以操作无人机。无人机一键起飞的一般要求，飞手通过阅读简短的开机必读说明书或简短的开机入门视频就可以简易操作无人机，甚至按照遥控器的语音提示，直接按键就可以实现免学习即可一键操作无人机启动飞行。一键起飞的技术指标在植保无人机行业还应该包含断电续航的功能，就是说无人机在飞行作业过程中飞机电池余量不足时，无人机可以自动提示返回请求，并且能够在无人机飞手操作无人机返回降落更换过电池后，通过一键操作找到之前的断电点接续作业飞行。

2. 智能避障

2018 年 6 月 1 日，《植保无人飞机质量评价技术规范》（以下简称《规范》）正式颁布。该规范对植保无人飞机的安全提出了明确要求。其中"7.4.7 避障性能测试"条款规定："操控植保无人飞机以 2m/s 的速度飞向电线杆、树木、草垛等任一障碍物，观察植保无人飞机能否避免与障碍物碰撞。操控植保无人飞机远离障碍物，测定机具是否能重新可控。"国家植保机械质量监督检验中心副主任刘燕就避障功能作如下解读："障碍物的测试是分级的，厂商需要对自己的产品有一个清晰的认识，即无人机可识别的障碍物的尺寸，遇到障碍物后的反应；测试时，根据各个企业提报的测试级别进行。在模拟障碍物时，检测人员会用到各种各样的材质，所以在测试前，厂商需要了解自己的产品对什么材质、什么尺寸的障碍物识别度最好，可以提前告诉检测人员，他们在报告中会根据实际的测试情况如实书写。避障目前主要分成两块，即树的避障和电线的避障。在树的避障测试中，要求无人机在预定航线中以自主模式飞行，检测人员会根据无人机飞行的轨迹、报警的实际情况进行判定。"

一般情况下，植保无人机自主避障要求识别四级大小的障碍物，即树、草垛、电线杆和电线。超声波雷达、毫米波雷达、激光雷达在成本、抗干扰能力、电线检测、三维信息输出等方面存在着不同程度的缺陷，并不能与植保无人机完美匹配。而双目立体视觉技术虽然优于超声波雷达、毫米波雷达、激光雷达等避障方式，但也存在计算量大、对于夜间低纹理物体无法探测等不足。

此项《规范》的实施，将大幅度提升植保无人飞机的安全性，使植保无人机产品完全满足政府主管部门的质量监管要求。

3. 仿地飞行

植保无人机仿地飞行，是指无人机在作业过程中，通过设定与已知三维地形的固定高度，使得飞机与目标地物保持恒定高差。借助仿地飞行功能，无人机能够适应不同的地形，根据测区地形自动生成变高航线，保持地面分辨率一致，从而获取更好的数据效果。

植保无人机当前飞行有两种定高模式：一种是以起飞点的水平面为基准，这种定高模式只适合于大田作业、农作物高度差别不大的作业模式；另一种是以超声波探测到的植被表面为基准，这种模式的安全性和适应性要高得多，无人机能够及时根据超声波探得的数据迅速调整飞行高度，及时跟随植被表面（或地表）的高度变化而变化，对地貌的贴合程度高。

4. 飞行轨迹智能规划

全自主飞行的植保无人机除了以一键起飞、断点续航、智能避障和仿地飞行的技术方向作为支撑，更重要的是无人机飞行作业轨迹路径建立在智能规划上。

植保无人机的原始作业模式，就是无人机作业时至少需要两个飞手，地头两端一端一人，手持对讲机依靠对话把握无人机作业的路径，通过不断对话来修正航线，避免无人机漏喷和复喷现象的发生。后来发展到 AB 点作业模式，就是假定起飞点的横线为 A 点，地块最远端的一条横线为 B 点，作业开始飞手打好无人机纵向飞行的原点为 B 点，起飞点为 A 点，在遥控器上按 AB 点模式操作飞机，飞机就会执行 AB 点操作模式，以类似于织布穿梭的路径进行作业。一个飞手就可以轻松执行植保无人机操作。AB 点操作模式是植保无人机智能化飞行的常用模式。

植保无人机轨迹智能化规划的另外一种方式就是依靠规划软件导入第三方设备生成的设定轨迹。比如某植保无人机作业前就要依赖于另外一款同品牌的航测无人机做田野地块的航测，然后把前期生成的目标地块的轨迹下载后再导入到植保无人机上。其导入的数据不仅包含地块四至边界，也包含地势落差、障碍物信息等，规划后作业的植保无人机完全按照航测无人机的规划路径自主飞行。不过该模式操作过程烦琐，植保作业时需要配置两架不同功能的无人机，增加了农户的购机成本，对飞手学历、能力要求也较高，需要考虑作业的效率和成本。

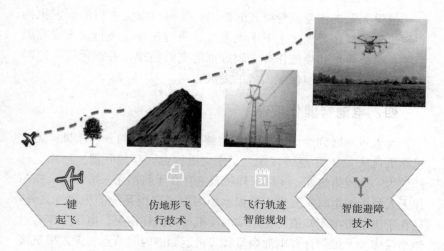

| 一键起飞 | 仿地形飞行技术 | 飞行轨迹智能规划 | 智能避障技术 |

三、飞行轨迹远程可视化

植保无人机常常以一分钟一亩*地的速度进行农作物病虫害防治，远远超出常人的习惯，农民不理解、政府不放心。

图像处理技术和无人机后台计算技术的应用，使作业轨迹可视化，轨迹可查询，作业参数能存储还能实时推送，让农民放心、让政府满意。用户和监管部门通过下载植保无人机产品小程序或者在电脑PC端远程监控植保无人机作业全过程，这是市场提出的要求。

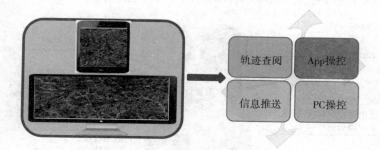

作业参数轨迹储存及向业主进行静态、动态信息推送

---

* 亩为非法定计量单位，1亩＝1/15公顷。——编者注

植保无人机作业监管模式的提出，使得植保无人机的研发机构和制造企业都在智能化上下了大力气。飞行速度、飞行高度、喷施幅度、喷施流量和喷施作业全轨迹都能实时呈现，并能保证一定时间的留存，是智能植保无人机的发展方向。

四、电池智能化管理

无人机发展到今天，市场上始终伴随着一个词——炸机。无人机炸机自从 2015 年连续多次上了中央电视台《新闻联播》以来，已经成为一个网络热词。实际上炸机普遍存在于航拍无人机领域，在植保无人机领域也时有发生。其根本原因除了飞控系统的稳定性之外，还在于飞手根本不知道飞在远端的飞机动力消耗情况。电压多少？电池余量多少？如何计算电池余量和飞机返回的时间节点？无人机试飞试验时都不炸机，为啥真实作业时频频出现状况？这些飞防现场的真实情况都是无人机研发制造时必须关注的根本问题。建立植保无人机动力系统、通信系统、控制系统、喷洒系统的互联互通是解决炸机的有效途径，而互联互通的根本在于无人机电池管理的智能化。互联互通的初级阶段表现为飞手操作端可以实时得到飞机动力、通信、喷洒系统的实时语音提示，以便做出操作决策。互联互通的高级阶段就是无人机可以通过后台算法自主学习、自主决策，包括根据动力实现自主规划作业最佳路径、断电自动返回和自动接续作业等。

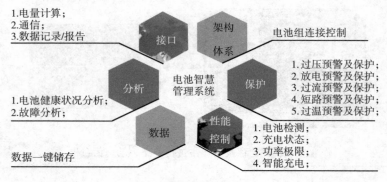

智能电池系统

五、靶向精准施药

我国玉米大豆复合种植技术的大力推广是保障我国饲料油料不受制于人的国家战略。秋作物种植技术的改变势必带来植保无人机新技术的又一次革新，玉米大豆复合种植对田间管理智能化要求更高。如何精准施药、对靶施药是农作物病虫草害防治的新课题。

人工神经网络在农业机器视觉中的应用是基于可见光图像对特征物体进行分类识别。这种交叉学科在未来植保无人机上的应用叫靶向精准施药技术。其原理是利用图像采集系统获取农田中的不同农作物和杂草图像数据，利用深度学习进行识别和分类，确定不同农作物和杂草的分布情况；通过机器记忆再基于模糊控制的基本原理，确定除草剂和农药在不同植株上的施药品类和施药量。

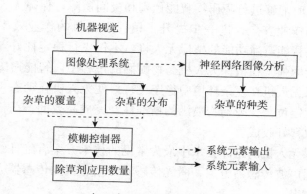

农田喷洒除草剂算法原理

靶向精准施药是用多功能遥感无人机对作物进行遥感拍照，然后对病虫害发生的不同程度图像信息进行提取，生成处方图后导入变量喷洒系统，植保无人机会按照处方图进行航线规划后实施变量喷洒。

第二节　植保无人机的关键技术

植保无人机利用精确可控飞行的无人机平台搭载高效农业植保喷洒、喷播系统，其关键技术涉及面较广，既包括无人机的飞行动力性能、操控技术、安全技术、功能适应性，又包括植保喷洒、喷播的喷幅、流量控制、作业高度、作业速度等对作业效果的关键影响因素，随着农业大数据管理的普及，还涉及作业数据的回传、存储、管理等因素。综合近年来植保无人机的应用实践，其关键技术包括智能避障技术、断点续航优化技术、可视化地面控制站技术等12方面。

一、智能避障技术

智能避障系统是植保无人机安全飞行、高效作业的保障。智能避障技术的应用使得植保无人机有了新的优势：可实现自动绕行障碍物，同时能够进行障碍物智能预判和夜间避障，保障无人机夜间和白天的作业安全，进一步提升了植保无人机的作业效率和安全性；加装智能避障功能的植保无人机，不仅飞行稳定性好，而且环境适应能力强。在植保无人机药物喷洒的过程中，智能避障传感器可以确保无人机在复杂环境中稳定飞行，使无人机在动态飞行中实现高精度定位，保障药物喷洒的精准性，完成高效的打药任务，助力农户取得好收成。

植保无人机的避障技术中最为常见的技术方案有红外线传感器方案、超声波传感器方案、激光传感器方案、视觉传感器方案以及综合性方案。

植保无人机智能避障技术在应用实践中经历了三个阶段：第一阶段是感知障碍物，第二阶段是绕过障碍物，第三阶段是场景建模和路径搜索。这三个阶段也正是无人机避障系统的作用过程，是无人机从发现障碍物，到自动绕开障碍物，再到自我路径更新的过程。

　　第一阶段：无人机应用的传感器比较单一，精度相对较低，感知方位也仅限于前方，如红外线传感器或超声波传感器，只能简单地感知前方障碍物。当无人机遇到前方有障碍物时，能快速地识别，并且悬停下来，等待飞手的下一步指令。

　　第二阶段：无人机装备更高精度的激光传感器或者更智能的视觉传感器，能够多方位获取障碍物的深度图像，并由此精确感知障碍物的具体轮廓，然后自主绕开障碍物。这一步已经不依赖飞手操作，实现了无人机自主驾驶。

　　第三阶段：无人机使用综合、互补的传感器方案，实现全方位、深度感知障碍物，在飞控系统中引入了诸如神经网络、机器学习等先进算法。对飞行区域建立三维地图模型，并据此对预设的飞行路径进行修正，从而避开障碍物，按照修正过的路径继续飞行作业。这将是目前无人机避障技术的最高阶段。

　　探索植保无人机避障功能这三个阶段在技术逻辑上是合理的，但是仅仅写出有效的视觉识别或者地图重构的算法还只是基础，能让它在无人机这样一个计算能力和功耗都有限制的平台上流畅稳定地跑起来，才是真正保证植保无人机安全飞行作业的关键所在。

田间障碍物检测

二、断点续航优化技术

早期无人机位置信息的获取主要依靠飞控手人眼观测，这种观测方式容易受到周围环境和飞控手经验等因素的影响，导致获取的位置信息出现错误，进而使得操作人员不能准确地操控无人机进行精细作业。为了实现全自动作业，任务规划就变得非常重要，直接决定了无人机植保的可操作性及其作业效率。通过无人机航迹规划与监控系统，无人机在农业作业过程中如遇到缺药、缺能源、部件故障等问题，设备会自动在能源最大化利用的前提下评估自身的安全性、记忆断点位置、二次作业时优化续航路径。植保无人机断点续航技术就是要解决植保无人机在作业时遇到的无药或低电压状况问题。

通常情况下，植保无人机在更换电池期间飞行控制系统和传感系统必须下电，无法保证无人机上飞行控制系统、传感系统等重要数据的连续性。

断点续航技术是植保无人机作业过程中，飞控系统会实时检测无人机电池的当前剩余电量，并在电池的当前剩余电量小于预设电量时，记录当前的喷药作业地点，并返回预设地点更换电池，同时开启与飞行控制器电连接的无人机断点续航系统，由无人机断点续航系统为飞行控制器供电，实现了无人机在喷药作业过程中断点续航的目的。

当无人机更换电池后，由更换后的电池为飞行控制器供电，并根据返航之前记录的喷药作业地点的位置信息，自动返航到当前的喷药作业地点，继续喷药作业。另外，无人机从预设地点向当前的喷药作业地点返航时，也可以由无人机断点续航系统为飞行控制器供电，以使电池的电量消耗在喷药作业过程中，增加无人飞行器喷药作业的时间长度。

植保无人机断点续航技术同时解决了喷洒系统的断点记忆所导致的接续作业技术问题。也就是说，无人机作业过程中药箱的药液空箱时，无人机自动记忆断点位置返航补充药液，然后返回记忆点接续飞行作业，避免了飞防作业中的漏喷和复喷现象发生。

三、可视化地面控制站技术

无人机地面控制站，简称地面站，即指挥无人驾驶飞行器的基站，是无人机的地面指挥中心，主要任务是监测无人机的飞行状态，规划飞行航迹并发送飞行指令，对出现的电压低、星数不足、靠近禁飞区等危险情景及时做出报警提示等。

目前，一个典型的地面站由一个作业端的移动控制站（通常为一个遥控器加一个装有 App 软件的手机或平板电脑）和一个远程的监控站（通常为一个服务器）组成，它们与无人机机载设备（天空端）相互协作，形成一个完整的监控系统。其通讯方式是：App 通过蓝牙模块连接遥控器，遥控器通过无线数传（如 XBEE 模块）连接无人机天空端，实现移动控制站与天空端的无缝连接；地面移动站通过 4G 网络连接远程服务器；天空端通过 4G 网络上传飞行参数给远程服务器。这样天空端、移动控制站和远程服务器三者可以协同工作。

虽然移动控制站与远程监控服务器都具有与无人机通信的能力，但是由于实时性原因或者避免操控的相互干扰，二者往往有着不同分工。移动控制站用来操控无人机，其工作内容主要有：通过蓝牙获取和设置无人机的参数；通过网络发送账户信息给服务器后台验证、接收服务器后台传输来的无人机授权信息并在界面上显示、对无人机的路径与任务进行规划；将规划好的任务方案下发至无人机进行任务执行；把规划好的任务信息、任务执行中的航迹信息和飞行指令信息发送给服务器后台。服务器后台的工作内容有：验证移动控制站发送过来的账户信息（有无控制权限、是否合法用户）；实时接收并保存无人机 4G 模块传输来的飞行参数（如飞行姿态、轨迹、电量、卫星数量）、荷载状态（如药液余量、流速、喷幅）等数据；保存移动控制站系统发送过来的航迹方案信息；将监控系统传输来的航迹信息和飞行指令信息转发给其他有权限用户。

利用 Android（安卓）进行植保无人机飞行控制系统的开发，

能够有效解决传统飞行监控系统操作复杂、无法携带及成本高等缺陷，同时达到随时随地监控无人机飞行内容，通过图形界面实时监控无人机飞行运行状态，记录作业速度、作业轨迹、喷药时长、喷药数量，统计喷药面积等目的，尤其是实现了无人机姿态、轨迹可视化，直观、方便，有力地促进了植保无人机移动控制终端的发展。

未来无人机地面站将朝着高性能、低成本、通用性方向发展。一站多机是发展趋势，这也对地面站的显示和控制提出了更严格的要求。

四、变量喷洒技术

目前的植保无人机起飞作业的过程中是很难调整作业流量参数的，就是简单可调也只是调为喷洒和不喷洒两种状态。变量喷洒技术是一种经济有效的、拥有友好软件界面的整合系统，方便无人机飞手实时对作业空间分布信息进行处理，并对有效面积上的喷洒作业进行合适处置。

无人机农药喷洒

脉冲宽度调制（PWM）是将模拟信号电平进行数字编码的一种方法。PWM变量喷洒技术是在一个控制周期内，通过调节电磁阀开闭的时间对流量进行调节，是通过降低农药使用量来实现变量喷洒的常用技术手段。利用PWM变量喷洒技术，可以对不同作业参数，如作业高度、飞行速度、农田作物不同养分分布及作物分布疏密等情况，通过改变脉冲的宽度或占空比来调压，只要控制方法得当，就可以使频率与电压协调变化，达到减少喷洒量、精准喷洒的效果，使植保无人机具备极好的实时调整喷洒作业参数，并对其喷洒系统功能进行全方位优化的能力。

五、防复喷、漏喷监控技术

目前，喷洒农药是增强农作物的抗病虫害能力而达到提高粮食产量的主要方法和手段。在植保无人机作业航线规划中，应尽量降低无人机能耗、减少药液的浪费。为了有效解决植保无人机在喷施作业中存在的大面积重喷和漏喷问题，一般采用牛耕往复法加RTK技术的航线规划算法。

随着无人机导航及控制技术的进一步成熟，植保无人机自主作业成为发展趋势，植保无人机的作业时长受到无人机的电池容量、载重能力、地块地形、作物种植农艺等因素的约束。衡量无人机航线优劣的主要指标有非植保作业时间、能量消耗、路程、植保作业的覆盖率和遗漏率，在多个约束条件下，进行各指标的总体寻优成为植保无人机航线规划的目标。常采用基于空间搜索的智能算法如遗传算法、粒子群算法、引力搜索算法、蚁群算法等，均适合于优化航线。

单机多架次航线规划效率主要受到转弯次数、避障策略和补给策略的影响，其中转弯次数受到地形形状与无人机喷幅影响较大。无人机的航线规划是一种全覆盖路径规划，其规划基础为牛耕往复法或螺旋法，无人机在转弯时不进行喷药，因此无人机的调头次数是影响作业效率和效果的最重要因素，一般情况下，牛耕往复法的调头次数较少，是使用最广泛的航线初始化方法。避障策略、补给策略需根据无人机本身及其他设备的系统情况综合考虑。牛耕往复法加RTK技术的航线规划算法，可以使农用无人机精准喷洒农药。

六、作业过程预警技术

随着植保无人机产业链的逐步完善及规模化生产和应用，中国无人机市场已经进入了井喷式发展时期。然而，在产业快速扩大的同时也逐渐暴露出了一些问题，例如：植保无人机飞行作业中在遇到电量低、缺药或者装备故障等问题时，无法第一时间启动防护措施并根据情况发出不同的报警信息。但是无人机受电池容量的影响，一块电池一般为无人机提供 15~20min 的续航时间，无法保证无人机在空中长期飞行，为了完成作业任务，工作人员必须携带足够量的电池。目前无人机电池在充电时电源要求单一，通常采用220V 交流充电方式，无法在野外进行充电；在运输存储过程中还要防止挤压、碰撞、高温，需要提供全方位保护。

　　无人机作业预警技术主要由三个部分五个模块构成。它的工作原理是：机载飞行状态、电池电量、药液等信息实时发送云端，发送云端的实时数据信息经过机器学习模型的预测，匹配判决相关信息是否达到预警标准，为此设计了一种可报警的无人机电池管理及故障诊断系统。该系统包括主控模块、供电模块、监测模块、处理模块和预警模块，所述主控模块由控制模块、反馈模块和模式选择模块组成，所述供电模块由电池组、备用电池、启动模块和充电控制模块组成，所述监测模块由温度监测模块和电压监测模块组成，所述处理模块由数据处理模块、耗电分析模块、续航预估模块和显示模块组成。这样，通过设置警报模块和显示模块，在无人机过热、低电量和高耗能时会分别进行显示和警报，方便及时提醒用户无人机的电池使用情况，方便用户根据电池的使用情况进行维护和处理，从而避免无人机再次发生过热、低电量和高耗能的情况，延长无人机的使用寿命，使无人机的使用效率更高。

七、防农药漂移技术

　　侧向风是影响植保无人机航空喷施雾滴飘移和作业效果的主要因素。探究航空植保喷施过程中侧向风对雾滴沉积和飘移的影响，为植保无人机航空喷施作业参数的选择和作业关键部件的改进提供数据支持和理论指导。无人机的农田喷药作业是在能量足够返航的前提下通过多架次的连续作业实现地块全区域药液覆盖，此时的无人机作业航线规划要在考虑风力因素的影响下确立无人机作业模式以及无人机作业航线轨迹；在能量约束的条件下，分析风力对喷洒作业的影响，规划出无人机作业方式和作业的航线。雾化区雾滴初始粒径及运动速度分布利用激光相位多普勒粒子分析系统获得。在飞行高度与喷洒液滴的速度已知的前提下，对喷洒的药液进行受力分析，得出在不同风向风速、无人机航速影响下，喷洒作业的带状区域偏移量，研究风向风速对喷洒作业的航线的影响。在对大块不规则的地块进行作业时，合理规划无人机的喷药作业往复覆盖运动的航迹变化，在减小药液浪费的同时也减小无人机的能耗。通过分析风向风速与无人机喷洒药滴之间的速度矢量和，求解出在不同角度的情况下药滴的偏移量以及偏移的方向，并求解出无人机飞行路径短、耗能最低的作业路径，完成对农田作业最优路径的规划。

八、作业飞行 RTK 定位技术

RTK（Real-time kinematic）是实时动态定位的英文简称。定位技术就是基于载波相位观测值的实时动态定位技术，是一种高精度的定位技术，它的作用就是提高定位的精度。RTK 技术能大幅降低大气层对定位精度的影响，目的是为了消除或减小单点绝对定位中无法避免的定位误差，将偏移量控制在厘米级的范围内。在无人机卫星导航系统中，能引起定位误差的因素有多种，所有的这些都可以归纳为导航电磁波信号传播过程和接收过程中时间的误差，这些因素包括测站站钟误差、卫星星钟误差、电离层影响、对流层影响、太阳光压、星历误差等多种因素；使用多个测站的观测数据，建立观测方程，然后对这些观测方程求差处理，就可以消除大部分公共误差，从而可以计算出非常精确的定位信息，这就是差分相对定位的优异之处。

在植保无人机作业过程中，由于卫星信号的多路径效应以及大气中对卫星信号的折射和反射，在农田周边出现田间防护林过高或者天气环境影响时，卫星的定位精度就会降低，导致作业过程中无人机出现航线偏移。RTK 技术能为无人机提高定位精度，降低飞行误差。航线偏移存在一定的风险，植保无人机单纯使用 GPS 进行定位，航线偏移的误差甚至可能达到 2～10m，如果偏移量太大，将可能导致植保无人机撞上防风林或者其他事故发生。因此这样的自主飞行并不能让人安心，也没有办法真正解放无人机飞手，飞手仍需全神贯注地盯着整个作业过程，随时准备救场。植保无人机上使用 RTK 技术是一种兼顾实行性和高精度的方案，通过基准站和飞机上安装的导航信号接收机（移动站）对卫星导航信号同步接收，移动站实时获取基准站的观测数据或者修正数据，经行相应的数学处理得到定位信息，用于无人机导航。

植保无人机通常依靠 GPS 提高定位精度，降低飞行误差。我们知道，植保无人机在作业时获取到的航线坐标并不是一条直线，而是一个有宽度的区域，如果使用 GPS 定位进行航线作业，则区域的宽度在 0～10m 的范围内，此时飞机实际飞行的轨迹将会是一条歪歪扭扭的曲线，并且每一次飞行的曲线都不一致，很有可能会导致重喷、漏喷。在一些垄间距较大的田间作业时，如发生的偏移较大，甚至可能产生作物本身大部分漏喷和土地污染等次生危害。

植保无人机使用 RTK 技术时，航线将是一个 0～10cm 宽度的区域，与 GPS 相比，使用 RTK 技术提供的航线基本等于是直线飞行，弯曲的幅度很小，因此喷洒的效果将更均匀可控。RTK 技术通过大幅提高定位精度来拓宽 GPS 定位技术的应用场景，实现了定时、定点、定量的农药化肥投放，能取得最佳的经济效益和环境效益。

九、作业质量数据智慧推送技术

无人机辅助的无线传感器网络（Wireless Sensor Networks，下文简称 WSNs）中，无人机的分布或轨迹对整体网络拓扑结构有着重要影响。可以通过合理地利用无人机的移动性和空中信道条件，设计优化无人机部署和轨迹规划算法，改善传统 WSNs 中传感器能量消耗不均匀、部分传感器死亡导致网络中断等问题。目前的无人机辅助 WSNs 研究算法大多只是考虑如何利用无人机去覆盖所有节点。研究表明，在小世界现象的研究基础上，结合地面传感器网络的自组织特性，使用无人机辅助少数关键节点进行数据传输，以此降低 WSNs 的能量消耗和网络时延，以实现 WSNs 的高效数据传输。并通过多个无人机协作部署辅助 WSNs，实现多个无人机优化部署问题。

在多个无人机协作部署辅助 WSNs 场景下，基于维持无人机之间、无人机与基站之间的连通性，并保证数据传输有效性的条件下，考虑传感器节点的分布特性和无人机对传感器的覆盖能力，通过设计多个无人机的最优部署的启发式算法，优化 WSNs 的网络时延和能量消耗。随后研究无人机数量对于 WSNs 的性能影响，通过最优部署算法计算出的无人机分布位置可以保证无人机之间和无人机与基站之间的连通性，并且大幅度降低了 WSNs 的网络时延和能量消耗。

十、电子围栏关键技术

随着科技的快速发展以及人们环保意识、安全意识的不断提高，无人机逐渐走入国内农业植物保护领域。其中，植保无人机在水田、高秆作物作业和应对暴发性病虫害等方面已经表现出突出的优势，而且可以应对农村劳动力减少的问题，近几年发展迅猛。保障无人机执行作业时不越过作业地块边界，避免无人机进入军事基地或者环境恶劣地区，是保证无人机作业安全性与高效性的必要前提。通过无人机作业电子围栏技术，能够实时检测无人机是否越界，并在有越界风险时及时发出预警。算法根据作业地块边界、无人机飞行速度等关键要素确定电子围栏报警模型并由此生成安全边界。当无人机飞行在安全边界内时，算法不对其进行越界检测；当无人机飞行于安全边界与作业边界之间时，算法将进行越界检测并同时发出预警，提示无人机操作人员随时准备控制无人机改变航向；当无人机飞行于作业边界之外时，将反馈越界标志，提供给飞行控制系统或无人机操作人员介入控制。测试表明：无人机作业时电子围栏能够实现高效、可靠的飞行监测，实时检测无人机飞行是否越界，并在有越界风险时及时发出越界预警。

十一、作业信息远程监测与传输存储技术

典型的无人机系统主要由无人机、通信链路和地面监控系统组成，其中，地面监控系统作为智能化的操作平台是整个系统的"神经中枢"，一般由作业端的移动控制站和远程的监控服务器组成。移动控制站负责飞行任务的实施；监控服务器负责接收并存储移动控制站和无人机发送来的信息，包括由移动控制站发送的用户账户信息、任务规划信息、实时控制信息，由无人机发送的飞行参数（姿态、航迹、电量、异常警告等）、荷载状态（如药液余量、流速、喷幅等）等。

作业信息远程数据处理按照数据传输的层次结构可分为数据链路层与用户交互层。数据链路层负责与无人机的数据通信，包含通信硬件设备、通信接口、通信协议等内容；用户交互层级为人机交互接口，是无人机与用户沟通的桥梁，其主要功能模块包括电子地图、虚拟仪表与3D模型、植保作业轨迹、飞行参数与任务参数的数据处理。

有了远程信息传输与存储技术，用户的植保作业便有了记录，一方面可以供国家进行安全监管，另一方面也方便操作手、飞防服务对象、飞防组织者对作业进行质量监管与统计结算。

第四章　植保无人机组装工艺基础

第一节　植保无人机组装工具与材料

一、植保无人机装调常用工具

要想制作好植保无人机，必须先要有得心应手的好工具。制作植保无人机必备的工具有切割工具、刨削钻孔工具、量具、电热类工具、电动工具和小型机械工具等，如下图所示。

植保无人机装调常用工具

1. 切割工具

（1）壁纸刀。壁纸刀是制作植保无人机经常使用的刀具。壁纸刀可以用来切割各种薄板、木片、木条，可以用于划刻翼肋、刻槽等，也可作为修整工具。壁纸刀使用起来很方便，当刀刃经磨损不够锋利时，可用钳子夹紧并掰下磨损的小段刀片即可。一个刀片用完以后还可以再换一片新的，省去磨刀的操作。壁纸刀有大小不同的规格，宽度为 9mm 的壁纸刀使用较多，因为刀刃相对薄一些，切割、划刻零部件时不至于使切出的零部件产生较大的挤压变形。

（2）斜口刀。斜口刀大部分采用一般碳素钢制成，带木把。购买时须仔细挑选，敲击声清脆的硬度会大一些。

最好用的斜口刀是机用锯条改制的，机用钢锯用高速钢（HSS）或双金属钢制造，锋利且非常耐用。

机用钢锯条按不同的宽窄和长短尺寸分几种规格，比较合适的是长度为450mm、宽度为38mm、厚度为1.8mm的机用钢锯条。刀机用钢锯条可到五金工具商店去购买正规厂家生产的产品。质量好的机用钢锯条用砂轮机磨出的是又白亮又长的火花。一根机用钢锯条可以做三把长度为150mm的斜口刀。

选用机用钢锯条制作斜口刀的方法：在锯条上用记号笔画出其三等分的50°斜线，用砂轮机的边角或砂轮片沿斜线正反两面磨出凹槽来，用木棒敲打即可断开。用砂轮机磨出刀刃来，当刀刃两面磨出宽度为7～10mm的斜坡，并且刀刃的角度为10°～15°时最好用。由于刀刃过热容易退火，硬度会降低，因此用砂轮机磨刀时要边磨边蘸水冷却，并且要有耐心。用砂轮机磨出刀刃的合适角度后，还要将斜口刀先后在油石和水磨石上仔细研磨。油石最好用有粗细两面的油石，磨刀的油石最好用水浸泡一下，增加润滑度，效果会更好。

为了防止刀刃卷曲，最后将刀刃在细磨石的正反两面轻轻地画"8"字。磨好后，将刀刃朝上，用大拇指的指腹在垂直刀刃的方向上轻轻地摸一下，感觉有些刮手，说明刀刃已经磨好，也可以用磨好的斜口刀横切木材，如果切口断面光滑，则说明刀刃锋利。需要注意的是，不要顺着刀刃方向摸，会划破手。

使用斜口刀时要注意以下几点：

①为了防止在裁切木片时刀刃顺着木纹滑动，第一刀要用刀尖沿着钢直尺的边轻轻开个浅槽，然后再逐步用力。如果第一刀太用力，刀刃容易顺着木纹滑动。

②切削木材时，刀刃和被切削的木料应保持30°～45°的斜角，省力而且切口光滑。

③使用斜口刀要注意安全，手握材料的后半部分，刀刃朝前，以防止用力过猛刀片切伤手，刀片一定朝向另一只手时，握刀手臂的大臂要紧靠胸部来限位，转动手腕进行切削。

④刀刃使用一段时间不锋利时，要及时重新研磨刀刃。

（3）刻刀。刻刀的种类较多，如成套的、镶有木把的木刻刀。这种刻刀有大小不同的规格，主要用来刻槽、挖孔和木质部件成型用。也有可以更换刀片的尖刻刀，刻机翼翼肋、划刻木片时使用最多。

（4）剪刀。剪刀有两种：普通家用剪刀，用来剪纸、剪布等；铁剪刀，剪裁不太厚铁片、铜片和铝片。制作无人机应选用小号铁剪刀。

（5）手锯。手锯是由锯弓和锯条组成。手锯锯条种类很多，扁条形的可以锯削木材和塑料，还可以锯削铜、铁、铝等硬度小的金属。因此，锯条的材质、粗细、锯齿大小疏密和形状都不一样。锯削木材的锯齿相对大些，锯削金属的锯条细、锯齿密而小。

2. 钻孔工具

（1）打孔钻。制作无人机常用的麻花钻头直径规格有 0.8mm、1mm、1.2mm、1.5mm、1.7mm、2mm、2.5mm、3mm、3.4mm、4mm、4.2mm、5mm、6mm。钻头不锋利可以在砂轮机上磨刃口。刃磨时，一手握住钻头工作部分，靠在砂轮机的搁置架上，作为支点；另一只手捏住钻头柄部，使钻头工作部分保持水平，钻头轴线和砂轮面成一定角度，使刃口接触砂轮面后角。钻头刃口即将磨削成形时，不要由刃背向刃口方向进行磨削，以免刃口退火。为防止钻头因过热退火，磨刃时应经常将其浸入水中冷却。

钻头磨刃时应使钻刃对称，左右不对称的钻刃会使钻孔变大。目测检查方法：把钻头竖起，立在眼前，两眼平视，背景要清晰。由于用眼睛观察时，两个钻刃的位置如果是一前一后，容易产生视觉误差，查看两个钻刃时往往感觉左刃（前刃）高。正确的观察方法是使钻头绕轴线反复旋转 180°，这样反复几次以后，如果看的结果一样，说明钻刃对称。

钻头

（2）丝锥和板牙。丝锥和板牙主要用于植保无人机螺丝紧固零件的螺纹攻丝，常用丝锥的规格有 M2、M3、M4、M5，每种规格的成套丝锥又分头锥、二锥。头锥比二锥外径稍小，丝锥头比较尖，头锥一般用作加工粗螺纹；二锥加工的螺纹比较深。板牙主要是给拉杆做螺纹口。

使用丝锥攻螺纹时，将丝锥装在丝锥扳手上，在丝锥上滴入少量润滑油，正转一两圈、再反转一圈，以便切断金属切屑。攻较深的螺纹时，还要经常清除丝锥上切削下来的金属颗粒，防止丝锥扭断。

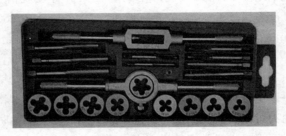

丝锥和板牙

二、植保无人机组装常用材料

1. 机架主材

植保无人机机架决定了植保无人机的形状，它同时具有机械功能，在植保无人机工业设计中要考虑把植保无人机各个子系统放置到合适的位置而不相互影响，机架的刚性和韧性是首先要保证的。鉴于飞行器本身的特性，尽量减轻机架的重量也是必须考虑的。铝合金和碳纤维复合材料是较受欢迎的机架材料，这些复合材料具有高刚度、低密度、高强度的特点，使得制造出的无人机轻巧、容易搬运。

2. 电机和旋翼主材

电机带动旋翼产生风场，植保无人机才可以起降飞行。旋翼也多用碳纤维复合材料，碳纤维的刚度和韧性能够保证旋翼在高速旋转时不易损坏折断。电机的高速旋转容易高温，电机外壳的材料选择应考虑散热效果好的材料。

3. 电池核心

锂离子电池因为比重小，单位体积重量轻，能效比大，现在已广泛应用到植保无人机动力上。

第二节　植保无人机装配工艺

植保无人机是典型的机电一体化产品，装配工艺主要包含机械装配工艺和电气装配工艺。固定翼、多旋翼植保无人机和直升机虽然结构不同，大小不一，但装配基本工艺并无差别。机械装配工艺包括机械连接、焊接、胶结等和复合材料的连接工艺等，电气装配工艺包括电气组装原则、电连接器、连接导线的选择和使用，以及锡焊连接技术等。

一、植保无人机机械装配工艺

机械装配工艺在植保无人机的组装中最为重要，装配方法的科学性、工艺的合理性，都会影响植保无人机的气动性能、强度和可靠性。对于固定翼无人机，机身与机翼的安装精度会直接影响安装角，并会影响气动性能；各操纵舵面的安装既要保证各纵舵面转动灵活，又要使其连接可靠。起落架的安装、发动机的安装和任务载荷的安装，这些安装工作既要保证有很好的可靠性，也要有很好的对称性，同时还要保证无人机重心在设计的范围之内。多旋翼植保无人机相对简单，其机架的组装、任务载荷的安装也属于机械装配的范畴。

无人机相较于有人机，零件数量相对较少，但装配步骤及要点基本相同。

1. 机械连接技术

机械连接技术应用最广泛，也是最主要的装配手段，目前已发展成为高效、高质量、高寿命、高可靠性的机械连接技术，包括先进高效的自动连接装配技术、高效高质量的自动制孔技术、先进多功能高寿命的连接紧固系统技术，长寿命的连接技术和数字化连接装配技术等。

植保无人机装配的连接技术主要包括机械连接技术、焊接技术和胶结技术等。机械连接又分为铆接和螺纹连接。复合材料的连接主要应用胶结和胶螺（带胶的螺纹）连接。

铆接一般应用于铝合金薄壁结构上，螺纹连接一般应用于整体壁板和整体构件连接、重要承力部件及可卸连接。胶结一般应用于整体构件、组合金夹层结构及复合材料上。焊接一般应用于薄壁结构的连接。

铆钉孔直径一般比铆钉杆直径大 $0.1 \sim 0.3mm$，铆钉孔的质量除孔径的公差要求之外，对孔的椭圆度、垂直度、孔边毛刺和表面质量都有要求，一般要求其表面粗糙度 Ra 值不大于 $6.3\mu m$。

铆接的优点：使用工具机动灵活、简单、价廉，适用于较复杂结构的连接，连接强度较稳定、可靠，操作工艺易掌握，容易检查和排除故障，适用于各种不同材料之间的连接；缺点：容易引起变形，拉铆侧表面不够平滑，普通铆接的疲劳强度低且密封性差，劳动强度大，生产率低，劳动条件差，增加了结构的重量。

螺纹连接是无人机装配的主要连接形式之一，具有强度高、可靠性好、构造简单、安装方便、易于拆卸的特点。常用的螺纹紧固件如下图所示。螺纹连接应用于无人机承力结构部位的连接，尤其是大部件的对接，如机翼与机身的对接多采用高强度的重要螺栓。

还有一些需要经常或定期拆卸的结构，如可卸壁板、口盖、封闭结构的连接，以及易损结构件，如前缘、翼尖的连接，常采用托板螺母连接的方式，能很好地解决工艺性、检查维修和便于更换的问题。

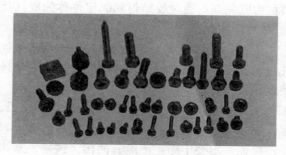

植保无人机上常见的各种螺纹紧固件

2. 焊接技术

焊接也称作熔接，以加热、高温或高压的方式接合金属或其他热塑性材料，如塑料的制造工艺及技术。焊接通过下列三种途径达到接合的目的。

（1）熔焊。通过加热欲接合的工件，使之局部熔化形成熔池，熔池冷却凝固后便可接合，必要时可加入熔填物进行辅助。熔焊适合各种金属和合金的焊接加工，不需要压力。

（2）压焊。是指焊接过程中，必须对焊件施加压力，适用于部分金属材料的加工。

（3）钎焊。采用比母材熔点低的金属材料做焊料，利用液态钎料润湿母材，填充接头间隙，并与母材互相扩散实现连接焊件，适合各种材料的焊接加工，也适用于不同金属或异类材料的焊接加工。

在航空工业中焊接技术被广泛应用，焊接受力较大的组合件和板件时，可部分代替铆接结构，比如大固定翼无人机的机翼、机身等部位，直升机的机身结构、起落架，多旋翼无人机机架及起落架等都大量用到焊接技术，尤其是薄壁钣金零件会常用电焊连接。与铆接和胶结相比，该方式具有生产率高且成本低的优势。

3. 胶结技术

把两个或多个物体通过另外一种材料，在其两相界面间产生的分子间连接在一起，称为胶结，被胶结的物体称为被黏物，胶结所使用的材料称为胶黏剂，通过胶结得到的组件称为胶接接头（胶接件），减弱胶结称为脱黏。

（1）工艺流程。制订方案→选定胶黏剂→初清→制备胶结接头→胶结件表面处理→胶黏剂的调配→涂胶→固化→清理→检查→转场→包装入库。

（2）工艺要求。胶结工艺的基本要求是"平、干、净、匀、够"五个字：黏接面要平整；清洗过后一定要自然晾干，烘干，切莫用手摸；黏接面一定要干净，不能有油污、铁锈、灰尘；涂胶要均匀；压力要够，受压方向一定要垂直于工件表面，并保持作用于工件中心，以免打滑。

4. 复合材料结构装配连接方法

复合材料零件之间或复合材料与金属零件之间的装配连接有机械连接、胶结和混合连接三种方法。在复合材料连接工艺技术中，选用何种连接方法，主要根据实际使用要求而定。一般来讲，当承载较大、可靠性要求较高时，宜采用机械连接；当承载较小，构件较薄，环境条件不十分恶劣时，宜采用胶结；在某些特殊情况下，为提高结构的破损安全特性时，可采用混合连接。

（1）机械连接。复合材料的机械连接是指用连接件给复合材料局部开孔，然后用铆钉、销和螺栓等将其紧固连接成整体。在复合材料的连接中，机械连接仍是主要的连接方法。

①机械连接的优点包括：连接的结构强度比较稳定，能传递大载荷；抗剥离能力强，安全可靠；维修方便，连接质量便于检查；便于拆装，可重复装配。

②机械连接的缺点包括：复合材料结构件装配前钻孔困难，刀具磨损快，孔的出口端易产生分层；开孔部位易引起应力集中，强度局部会降低，孔边易过早出现挤压破坏；金属紧固件易产生电化

学腐蚀，须采取防护措施；复合材料结构在实施机械连接过程中易发生损伤；会增加紧固件或铆钉的重量，连接效率低。

（2）胶结。复合材料的胶结是指借助胶黏剂接欲连接零件连接成不可拆卸的整体，是一种较实用、有效的连接工艺技术，在复合材料结构连接中应用较普遍。

①胶结的优点包括：表面光滑，外观美观，工艺简便，操作容易，可缩短生产周期；不会因钻孔和焊点周围应力集中而引起疲劳破裂；胶层对金属有防腐保护作用，可以做绝缘层，防止发生电化学腐蚀；胶接件通常表现出良好的阻尼特性，可有效降低噪声和振动；可以减轻结构重量，提高连接效率。

②胶结的缺点包括：质量控制比较困难，并且不能检测胶结强度；胶结性能受环境（湿、热、腐蚀介质）的影响；被胶接件必须进行严格的表面处理；存在一定的老化问题；胶接连接后一般不可拆卸。

（3）混合连接。混合连接是将胶结与机械连接结合起来，从工艺技术上严格保证两者变形一致、同时受载，其承载能力和耐久性将会大幅度提高，可以排除两种连接方法各自的固有缺点。混合连接主要用于提高破损安全性，解决胶结的维修，改善胶结剥离性能等。

二、植保无人机电气装配工艺

植保无人机电气系统一般包括电源、配电系统、用电设备三个部分，电源和配电系统的组合统称为供电系统。供电系统的功能是向无人机各个用电系统或设备提供满足预定设计要求的电能。

1. 一般要求

（1）各种元器件、材料均应检验合格后方可进行安装，安装前应检查其外观，看表面有无划伤和损坏。

（2）排线安装时应注意保证排线方向、极性正确，安装位置要正，不能歪斜。

（3）安装过程中要注意元器件的安全要求，如安装静电敏感器件要注意防静电。

（4）部件在安装过程中不允许产生裂纹、凹陷、压伤和可能影响产品性能的其他损伤。

（5）安装时切勿将异物掉入机内。在安装过程中应随时注意是否有掉入螺钉、焊锡渣、导线头及工具等异物。

（6）在整个安装过程中，应注意整机的外观保护，防止出现划伤、弄脏、损坏等现象。

（7）不允许作业者佩戴戒指、手表或其他金属硬物，不允许留长指甲。

（8）接触机器外观部位的工位和对人体有可能造成伤害的工位（如底壳锋利的折边）必须戴手套作业。移动成品时，产品不能贴住身体，应距离身体 10cm 以上，防止作业者的厂牌、衣服上的纽扣等硬物对产品造成外观划伤。

2. 工具要求

（1）所有的仪器、仪表、电烙铁必须可靠接地。

（2）应防止作业工具对产品外观造成划伤。

（3）悬吊的螺钉旋具未作业时（自由悬吊状态），应距离机器上表面在 15cm 以上。

（4）工具未使用时应放在固定的位置，不能随意放置。

3. 物料拿取作业标准

（1）元器件的拿取。

①作业者的手指（或身体上任何暴露部位）应避免与元件引脚、印制电路板（PCB）焊盘接触，以免引脚、焊盘黏上人体汗液，影响焊接的质量和可靠性。

②拿取大元件或组件时，应拿住能支撑整个元件重量的外壳，而不能抓住如引线之类的薄弱部位来提起整个元件，如下图所示。

③个别特殊部件在拿取时应按相关要求使用专用的辅助工具拿取。

（2）PCB 组件拿取。

①PCB 组装件如果有用螺钉紧固的金属件，如散热片、支架

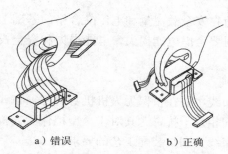

　　　　a）错误　　　　　　　　b）正确

拿取元件的方法示意

等，则应在拿取时抓住这些金属件、支架的受力部位。

　　②如果有辅助工具，则一定要严格按相关要求使用辅助工具拿取。

　　③通常情况下 PCB 板上的元件或导线不能作为抓取部位。

4. 接插排线作业规范

　　（1）排线插入时要平衡插入，保证插正、插紧。

　　（2）带扣位或带锁的排线要扣到位，保证锁紧。

　　（3）连接件的插针不可插歪。

5. 剪钳作业规范

　　（1）线扎剪切作业要求：扎线保留线头的长度范围为 2～5mm。

　　（2）线头平齐。

　　（3）剪扎线不能剪断、剪伤任何导线。

6. 选择连接导线

　　选用导线时一般遵循以下三个原则：

　　（1）近距离和小负荷按发热条件选择导线截面（安全载流量），用导线的发热条件控制电流，截面积越小，散热越好，单位面积内通过的电流越大。

　　（2）远距离和中等负荷在安全载流量的基础上，按电压损失条件选择导线截面。远距离和中等负荷仅仅不发热是不够的，还要考虑电压损失，要保证负荷点的电压在合格范围内，电气设备才能正常工作。

（3）大负荷在安全载流量和电压降合格的基础上，按经济电流密度选择，同时要考虑电能损失，电能损失和资金投入要在最合理范围内。

7. 布线原则

元器件的布线主要在植保无人机机身内部，布线必须遵守相关原则，以免导线相互干扰，尤其对于微型植保无人机，内部空间较小，更应仔细布线，满足装配工艺的要求。

（1）应选择最短的布线距离，但连接时导线不能拉得太紧。

（2）不同种类的导线应避免相互干扰和寄生耦合。

（3）导线应远离发热元器件，不能在元器件上方近距离走线。

（4）电源线不能与信号线平行。

（5）埋线应保持方向一致、美观，扎线应扎紧，并且扎带之间保持一定的间距，所有线材都应尽量捆扎在扎带内，扎结朝向一致。

8. 植保无人机内部工艺检查

在完成组装工序前须对无人机内部工艺进行检查，包括：

（1）检查无人机内部各螺钉是否齐全并且拧紧；检查无人机内各连接线是否插接牢固、可靠，各连接线不能与散热片接触（以防过热致使线材熔坏）。

（2）检查无人机内部工艺连接线的走线是否整齐、美观。

（3）检查成品内部是否存有异物（如有无掉入的螺钉和线脚等）。

9. 植保无人机外部检查

（1）检查机身外观是否有污迹和脏印迹等现象。

（2）检查机身表面是否有脱漆、划痕、毛刺等现象。

（3）检查电源键、功能按钮等是否有卡死、偏斜、手感不良问题。

（4）检查旋钮、按键是否有卡死、手感不良问题。

10. 电子元器件焊接工艺

（1）锡焊。锡焊是利用低熔点的金属焊料加热熔化后，渗入并充填金属作连接处间隙的焊接方法，常用烙铁作为加热工具。因焊料常为锡基合金，故名锡焊。锡焊广泛用于电子工业中。

（2）锡焊的焊接材料。

①锡铅合金焊料。焊锡是由锡和铅两种金属按一定比例融合而成的，其中锡所占的比例稍高。焊锡是连接元器件与 PCB 之间的介质，在电子线路的安装和维修中经常使用。

纯锡为银白色，有光泽，富有延展性，在空气中不易氧化，熔点为 232℃。锡能与大多数金属熔合而形成合金。但纯锡的材料呈脆性，为了增加材料的柔韧性和降低焊料的熔点，必须用另一种金属与锡熔合，以提高锡的性能。纯铅为青灰色、质软而重，有延展性，易氧化，有毒性，熔点为 327℃. 当锡和铅比例融合后，构成锡铅合金焊料，此时，它的熔点变低，使用方便，并能与大多数金属结合。焊锡的熔点会随着锡铅比例的不同而变化，锡铅合金的熔点低于任何其他合金的熔点。优质的焊锡其锡铅比例是按 63％ 的锡和 37％ 的铅配比的，这种配比的焊锡熔点为 183℃。有些质量较差的焊锡熔点较高，凝固后焊点粗糙呈糠渣状，这是由于焊锡中铅含量过高所致。为改善焊锡的性能，还出现了加锑焊锡、加镉焊锡、加银焊锡和加铜焊锡。

②助焊剂。助焊剂在焊接工艺中起到帮助和促进焊接过程的作用，具体作用包括：破坏金属氧化膜使焊接部位表面清洁，有利于焊锡的浸润和焊点合金的生成；能覆盖在焊料表面，防止焊料或金属继续氧化；增强焊料和被焊金属表面的活性，降低焊料的表面张力；焊料和焊剂是相熔的，可增加焊料的流动性，进一步提高浸润能力；能加快热量从电烙铁头向焊料和被焊物表面传递速度；合适的助焊剂还能使焊点美观。

助焊剂分为无机类、有机类和树脂类三大类。在电子产品的焊接中使用比例最大的是松香，即树脂类助焊剂。松香在固态时呈非活性，只有液态时才呈现活性，其熔点为 127℃，活性可以持续到 315℃，锡焊的最佳温度为 240～250℃，正处于松香的活性温度范围内，并且它的焊接残留物不存在腐蚀问题。这些特性使松香成为非腐蚀性焊剂而被广泛应用于电子设备的焊接中。

使用松香类助焊剂时应注意，松香反复加热使用后会碳化发黑，不起助焊作用，还影响焊点质量。另外，当温度达到600℃时，松香的绝缘性能下降，焊接后的残留物对发热元器件有较大的危害。现在普遍使用氢化松香，它是一种高活性松香，性能更稳定，助焊作用更强。

③阻焊剂。在浸焊和波峰焊中，要求焊料只在规定的焊点上进行焊接，其他不需要焊接的地方就要隔离，因此就需要通过阻焊剂来实现。阻焊剂是一种耐高温的涂料。阻焊剂一般覆盖 PCB（Printed Circuit Board 的英文缩写，意为印刷线路板）板面，能起到保护作用，防止 PCB 受到热冲击或机械损伤；同时，可以防止短路、虚焊的情况发生，并有效提高焊接效率和质量。

（3）手工焊接技术。

①电烙铁的握持方法根据实际的焊接情况确定。电烙铁要拿稳对准，一般有三种握法，如下图所示，具体选择哪种握法根据实际情况而定。

a）反握法　　　b）反握法　　　c）侧握法

电烙铁的握持方法

反握法：用五指把电烙铁的手柄握在掌内，此法适用于大功率电烙铁和焊接散热量大的被焊件。

正握法：此法适用于较大的电烙铁，弯形的电烙铁头一般采用此法。

侧握法：用握笔的方法握持电烙铁，此法适用于小功率的电烙铁和焊接散热量小的被焊件。

②焊锡丝一般有两种拿法，即连续锡丝拿法和断续锡丝拿法。

③手工焊接一般采用五步法，如下图所示。

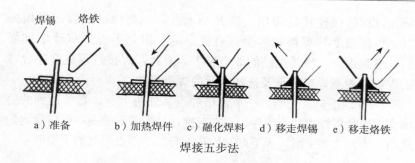

a）准备　　b）加热焊件　c）融化焊料　d）移走焊锡　e）移走烙铁

焊接五步法

准备。左手拿焊丝，右手握电烙铁，进入备焊状态。要求电烙铁头保持干净，无焊渣等氧化物，并在表面镀一层焊锡。

加热焊件。电烙铁头靠在两焊件的连接处，加热整个焊件，时间为 1～2s。在 PCB 上焊接元器件时，要注意使电烙铁头同时接触焊盘和元器件的引线。

熔化焊料。当焊件加热到能熔化焊料的温度后将焊丝置于焊点，焊料开始熔化并润湿焊点。

移走焊锡。当焊丝熔化一定量后，立即向左上 45°方向移开焊丝。

移走烙铁。焊锡浸润焊盘和焊件的施焊部位以后，向右上 45°方向移开电烙铁，结束焊接。

④注意事项。锡丝成分中含铅，而铅是对人体有害的重金属，因此操作时应戴手套或操作后洗手，避免食入铅；同时，人的鼻子应距离电烙铁不小于 30cm 或配置抽风吸烟罩。另外，使用电烙铁要配置烙铁架，一般放置在工作台右前方。电烙铁用后一定要稳妥放于烙铁架上，并注意导线等物不要触碰烙铁头。

（4）焊接质量。

①焊点质量要求。对焊点的质量要求主要从电气连接、机械强度和外观方面考虑。

a. 电气连接可靠。焊点的质量会极大地影响电子产品的可靠性，焊点应保证足够数量。

b. 机械强度足够。焊接在保证电气连接的同时，还起到固定元器件即机械连接的作用，这就要求焊点也要保证足够的机械强度。机械强度与焊料的多少有直接影响，但是不能一味地增加焊料，导致虚焊、桥接短路的故障发生。因此，焊接过程应选择合适的焊料、控制焊料数量及选择合适的焊点形式。

c. 外观平整、光洁。一个合格焊点从外观上看，必须达到的要求为：形状以焊点的心为界，左右对称，呈半弓形凹面；焊料量均匀适当，表面光亮平滑，无毛刺和针孔。合格的焊点形状如下图所示。

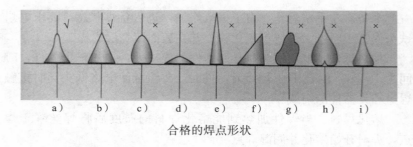

合格的焊点形状

②焊接质量检验。

a. 目视检查。从外观检查焊接质量是否合格，查看焊点是否存在缺陷，主要检查内容为：根据装配图样检查是否漏焊；焊点的外观是否平整、光洁；焊点周围是否残留焊剂；有没有连焊及焊盘脱落的现象发生；焊点有无裂纹和拉尖现象。

b. 手触检查。触摸或轻轻摇动元器件时，检查焊点是否有松动、焊接不牢和脱落的现象；还可尝试用镊子夹住元器件引线轻轻拉动，检查有无松动的现象。

c. 通电检查。在外观检查结束以后，确定连线正确，才可进行通电检查，此步骤是检验电路性能的关键。通电检查可以查出许多微小的缺陷，如用目视检查法查不到的电路桥接，但对内部虚焊的隐患就不容易检查出来。

③常见焊点的缺陷及分析。造成焊接缺陷的原因有很多，在材料、工具一定的情况下，采用的焊接方式和方法是较大的影响因素。在接线端子上焊接导线时，常见的缺陷如下图所示。

a）桥接　　b）拉尖　　c）虚焊　　d）松香焊

e）铜箔翘起或剥离 f）不对称　g）气泡和针孔 h）焊料过多

i）焊料过少　　j）过热　　k）松动 l）焊锡从过孔流出

常见焊点缺陷

a. 桥接：焊锡将相邻的 PCB 导线连接起来。原因是加热时间过长、焊锡温度过高、电烙铁撤离角度不当。

b. 拉尖：焊点出现尖端或毛刺。原因是焊料过多、助焊剂少、加热时间过长、焊接时间过长、电烙铁撤离角度不当。

c. 虚焊：焊锡与元器件引线或与铜箔之间有明显黑色界线，焊锡向界线凹陷。原因是 PCB 和元器件引线未清洁好、助焊剂质量差、加热不够充分、焊料中杂质过多。

d. 松香焊：焊缝中还将夹有松香渣。主要原因是焊剂过多或已失效、焊剂未充分挥发作用、焊接时间不够、加热不足、表面氧化膜未去除。

e. 铜箔翘起或剥离：铜箔从 PCB 上翘起甚至脱落。主要原因是焊接温度过高，焊接时间过长、焊盘上金属镀层不良。

f. 不对称：焊锡未流满焊盘。主要原因是焊料流动性差、助焊剂不足或质量差、加热不足。

g. 气泡和针孔：引线根部有喷火式焊料隆起，内部藏有空洞，用目测或低倍放大镜可见有孔。主要原因是引线与焊盘孔间隙大、引线浸润性不良、焊接时间长、孔内空气膨胀。

h. 焊料过多：焊料表面呈凸形。主要原因是焊料撤离过迟。

i. 焊料过少：焊接面积小于焊盘的 80%，焊料未形成平滑的过渡面。主要原因是焊锡流动性差或焊丝撤离过早、助焊剂不足、焊接时间太短。

j. 过热：焊点发白，无金属光泽，表面较为粗糙，呈霜斑或颗粒状。主要原因是电烙铁功率过大，加热时间过长、焊接温度过高。

k. 松动：外观粗糙，似豆腐渣一般，且焊角不匀称，导线或元器件引线可移动。主要原因是焊锡未凝固前引线移动造成空隙、引线未处理好（浸润差或不浸润）。

l. 焊锡从过孔流出：主要原因是过孔太大、引线过细、焊料过多、加热时间过长、焊接温过高过热。

（5）焊接的注意事项。一般是按照先小后大、先轻后重、先里后外、先低后高、先普通后特殊的顺序进行焊接，即先焊分立元件，后焊集成块，对外连线要最后焊接。

①电烙铁一般应选内热式，20～35W，恒温 230℃ 的烙铁，但温度不要超过 300℃ 为宜。接地线应保证接触良好。

②焊接时间在保证润湿的前提下尽可能短，一般不超过 3s。

③耐热性差的元器件应使用工具辅助散热。如微型开关、CMOS 集成电路，焊接前一定要处理好焊点，施焊时注意控制加热时间，焊接一定要快。还要适当采用辅助散热措施，以避免过热失效。

④如果元件的引线是镀金处理的，其引线没有被氧化可以直接焊接，不需要对元器件的引线进行处理。

⑤焊接时不要用电烙铁头摩擦焊盘。

⑥集成电路若不使用插座，直接焊到 PCB 上，则安全焊接顺序为接地端→输出端→电源端→输入端。

⑦焊接时应防止邻近元器件、PCB 等受到过热影响，对热敏元器件要采取必要的散热措施。

⑧焊接时绝缘材料不允许出现烫伤、烧焦、变形、裂痕等现象。

⑨在焊料冷却和凝固前，被焊部位必须可靠固定，可采用散热措施以加快冷却。

⑩焊接完毕，必须及时对版面进行彻底清洗，以便除去残留的焊剂、油污和灰尘等脏物。

第五章　植保无人机调试技术

第一节　植保无人机调试步骤

在完成植保无人机的机身结构、动力系统、通信系统和控制机系统的装配后，为了实现无人机的可靠运行和人机安全，必须要进行调试。但多旋翼、固定翼植保无人机和无人直升机的调试方法有较大差异，本章仅对它们的通用性、原理性和基础性的知识进行介绍，而具体机型的调试方法、步骤和参数等参考相关产品说明书。

植保无人机的调试步骤为：电动多旋翼植保无人机调试内容主要是软件部分的调试，包括飞行控制器调试、遥控器和接收机调试、动力系统调试等。其中，飞行控制器调试包括飞控固件的烧写、各种传感器校准和飞行控制器相关参数的设置等；遥控器和接收机调试包括对码操作、遥控模式设置、通道配置、接收机模式选择、模型选择和机型选择、舵机行程量设置、中立微调和微调步阶量设置、舵机相位设置，舵量显示操作、教练功能设置和可变混控设置等；动力系统调试主要是电调调参等内容。

固定翼植保无人机调试是指完成组装后，按设计要求对相关结构或部件进行调整，以满足基本的飞行要求。对于轻型及以下固定翼无人机，在组装完成后对其进行的调试主要包括重心、安装角度、舵量和拉力线调试，动力系统调试，控制参数调试等内容。在首飞时还需要有经验的技术人员根据实际情况进行修正。根据固定翼无人机的型号、规格和特点的不同，调试方法也存在区别。

一、无桨调试

假设一款标有 2307S-2500kV 的直流无刷电动机，接在 12V 电源上，那么此时电动机的空载转速约为 30 000r/min，这仅是电动机的转速，如果装上桨叶，那么桨叶边缘的线速度将更高，所以非常危险。为了降低在调试时产生的危险，应先将不需要安装桨叶就能调试的内容调试完，再进行必须安装桨叶才能完成的调试内容。

无桨调试（调试时，电机上未装桨叶）主要包括以下内容：

（1）连接所有电路，接通电源，进行首次通电测试，检查飞行控制器、电调、电动机、舵机、接收机、数据传输、图像传输和摄像头等设备是否正常通电，检查有无出现短路或断路现象。

（2）检查遥控器，进行对频及相关设置，确认遥控器发出的各个通道信号能准确地被接收机接收到并能传送给飞控。

（3）将飞控连接到计算机，用调试软件（地面站）对飞控进行调试，如烧写固件、设置接收机模式、遥控器校准、电调校准、加速度计校准、陀螺仪校准、设置飞行保护措施、设置飞行模式、通道设置和解锁方式等。

（4）接通电源，推动油门检查电动机的转向是否正确，如果不正确，则通过调换电动机任意两根电源线来更换转向。确认以上内容都调试完毕并能通过遥控器解锁无人机，操作遥控器各个通道，观察无人机是否有相应的反应。固定翼无人机还可通过人为改变飞机姿态的方式查看舵面变化情况，如果不正确，则应检查舵机型号及安装是否相反。此时即完成了无人机的无桨调试。

二、有桨调试

植保无人机的首次飞行往往会出现各种意外。有桨调试（调试时，电机上安装好了螺旋桨）时，无人机上已经装好螺旋桨，并会产生高速旋转，为确保操作人员和设备的安全，在飞行前要进行以下一系列的检查。

1. 多旋翼检查

（1）根据电动机转向正确安装螺旋桨。

（2）无人机空间限制防护。将无人机放在安全防护网内试飞，或通过捆绑的方式限制无人机。无人机第一次试飞可能会出现各种意外情况，通过防护网或捆绑可以有效保护人员和设备的安全。

（3）飞行测试：通过飞行状态检验无人机是否正常。

①先打开遥控器电源，再接通无人机电源，根据之前调试所设定的解锁方式进行解锁，解锁后油门保持在最低、能使螺旋桨旋转的位置。

②起飞检查。在推动油门时不要触摸其他摇杆。当无人机开始离地时，观察无人机的飞行趋势，然后操控遥控器以相反的方向使无人机能平稳地飞起来。如果一起飞就大幅度偏航或翻倒，立刻将油门拉到最低，将无人机上锁，再关掉无人机电源检查问题所在。通常是线路问题或遥控器通道反向问题。

③基本功能检查。当无人机飞起来后，依次缓慢操作其他摇杆（副翼、偏航、升降和飞行模式等），观察遥控器各通道正反向是否正确、各通道是否对应无人机的动作，检验飞行模式是否正确并能正常切换。

④飞行性能检查。检查起飞和降落是否平稳、四个基本动作（前进、左右、上下、旋转）角度是否正常、动作是否平稳、动作是否有振动、摇杆回中后无人机回中的响应情况是否及时。此类问题大部分可以通过地面站调试和 PID 参数调试解决。各种飞控地面站不相同，调试方法也不相同，但基本思路一致。

2. 固定翼检查

固定翼的飞行速度相对较快，测试时既不能像旋翼机一样被限制在特定的安全区域内，也没有条件效仿有人机的方式，搭建风洞实验室模拟飞行器周围气体的流动情况。因此，为了确保安全，在固定翼的有桨调试时一定要注意飞机机械结构、电路与控制系统、任务载荷与弹射系统三个方面的检查。

第二节 植保无人机飞行控制器调试

一、飞行控制器调试与调试软件

国外以开源飞行控制器为主，常见的有 APM、PIX、MWC、MicroCopter、Pixhawk、OpenPilot、PX4、AutoQuad、KK、Paparazzi 等。闭源飞行控制器有 Piccolo、MK、Unav 3500、Procerus Kestrel、MicroPilot 等。其中 APM 是使用人数最多、优化最完善、相关技术资料最全面的成熟飞控，但 APM 的 CPU 为 8 位，在基于 Arduino 平台的飞控发展一段时间后，采用 32 位 CPU 以及冗余电源＋传感器方案的 Pixhawk，得到越来越多的认可。开源飞控有通用性强、功能丰富的优点。但因其针对不同机型的调参过于复杂，技术门槛较高，给使用者带来了不小的难度。

国内的飞控以闭源居多，所谓的商品飞控指的是闭源飞控。国内目前有大疆科技、零度智控、亿航科技等规模较大的飞控研发公司，主流型号有 AP101、NP100、WKM、A3、A2、PILOT UP（包括 UP-PF、UP30、UP40、UP 50、UPX）、IFLY40、QQ、FF、EAGLE N6 等。相比而言，闭源飞行控制器有算法优化、调参简单、功能有所限制、价格较高、性价比低等特点。

调试软件是对飞控进行参数调整的软件，大部分飞控都有自己对应的调试软件，通常把装有调试软件的计算机端或移动设备端称为地面站，调试软件又可称为地面站软件。常用的飞控与对应的调试软件见表 2。

表 2 飞控调试对应软件表

飞控	调试软件
APM、Pixhawk	MissionPlanner
F3、F4 飞控	CleanFlight、BetaFlight

（续）

飞控	调试软件
Naza-M Lite	NAZAM lite Assistant
MWC	Arduino
CC3D	OpenPilot GCS

二、飞行控制器与对应的调试软件

1. PID 调参

什么是 PID？PID 控制是一个在工业控制应用中常见的反馈回路控制算法，由比例单元 P（Proportional）、积分单元 I（Integral）和微分单元 D（Derivative）组成。

PID 控制的基础是比例控制；积分控制可以消除稳态误差，但可能会增加超调；微分控制可以加快大惯性系统响应速度以及减弱超调趋势。

2. PID 调试步骤

APM 飞控调参（手动），就是在 Mission Planner（地面站软件）中配置 PID 参数来达到让飞行器飞行更平稳的目的。有如下口诀：

参数整定找最佳，从小到大顺序查；

先是比例后积分，最后再把微分加；

曲线振荡很频繁，比例度盘要调大；

曲线漂浮绕大弯，比例度盘往小调；

曲线偏离回复慢，积分时间往下降；

曲线波动周期长，积分时间再加长；

曲线振荡频率快，先把微分降下来；

动差大来波动慢，微分时间应加长；

理想曲线两个波，前高后低 4∶1；

一看二调多分析，调节质量不会低。

在多数情况下，都认为下图所示的过渡过程是最好的，并把它作为衡量控制系统质量的依据。希望通过调整控制器参数得到这样的系统衰减振荡的过渡过程。

为何下图所示的过渡过程是最好的？原因是它第一次回到给定值的时间较快，以后虽然又偏离了，但偏离幅度不大，并且只有极少数的几次振荡就稳定下来了。从定量来看，第一个波峰 B 的高度是第二个波峰 B′高度的四倍，所以这种曲线又称为 4∶1 衰减曲线。在调节器工程整定时，以能得到 4∶1 的衰减过渡过程为最好，这时的调节器参数可称为最佳参数。

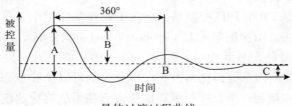

最佳过渡过程曲线

总结如下：

P 产生响应速度，P 过小响应慢，过大会产生振荡，P 是 I 和 D 的基础。

I 消除偏差、提高精度（在有系统误差和外力作用时），同时增加了响应速度。

D 抑制过冲和振荡，同时减慢了响应速度。

第三节　植保无人机遥控器和接收机调试

一、遥控器的选择

不同品牌的遥控器功能上大体相似。在选择遥控器时，一般考虑使用的频率，受摇杆电位器寿命限制，在使用率不高的情况下一般建议选择中档遥控器，如天地飞、乐迪、富斯；长期使用可以选择高档遥控器，如美国地平线等。

a）天地飞 09S　　　　b）接收机

天地飞 09S 遥控器、接收机

a）Futaba 14SG　　　　b）接收机

Futaba 14SG 遥控器、接收机

无人机遥控器四个通道对应的控制量分别为：

A：副翼（Aileron）；

E：升降（Elevator）；

T：油门通道（Throttle）；

R：方向舵（Rudder）。

另外，在选择植保无人机遥控器的时候，要特别注意美国手与日本手的区别，如下图所示。

美国手的优点在于与载人机的飞行操控方式更相似，右手摇杆与载人机的操控杆一致，便于理解。另外，许多曾有过多旋翼飞行经验的学员早已习惯了美国手的操控方式，形成了肌肉记忆，无法更改。因此，针对这部分学员只能选用美国手的遥控器。

遥控器的美国手与日本手

日本手在操控固定翼无人机方面有明显的优势：在飞四边航线时，四个拐角处左右两手分别操控方向舵和副翼，动作更为细腻流畅。因此，对于固定翼无人机的初学者建议尽量选用日本手。

1. 频段的选择

经常看到 433M、915M、1.2G、2.4G、5.8G 的标识，这些指的是信号的频段，一般认为频率越低，穿透性越好，即绕射或散射能力越强。频率越高，抗干扰能力越好。以 433M 和 5.8G 为例，很多人为了追求所谓的穿透力（绕射）而选择了 433M 频段的设备，这是个开放的频段，但它有一个致命的缺点，那就是比较混乱。由于这个频段频率不是很高，成本较低，天线较小易小型化，方便携带和安装，因此成为业余无线电中最为拥挤的频段。工地、饭店、酒店等几乎都在使用这个频段，很多无线电爱好者免费架起大功率的中继台全天开机，供无线电友交流使用。5.8G 这个频段国家划分了开放的业余频段。另外，频率高天线可以更加小型化。目前在 5.8G 频段工作的设备很少，这个频段相对比较安静，干扰较少，但有利有弊，频率越高电子元器件的造价越高，对天线等精度要求更高，更容易发热，对靠近发射机的导磁体比低频更敏感，做大功率更困难。

遥控器使用的频段通常为 2.4GHz，工业和信息化部在 2015 年 3 月发出通知，规划 840.5～845MHz、1 430～1 444MHz 和 2 408～2 440MHz 频段用于无人驾驶航空器系统。

（1）840.5～845MHz 频段可用于无人驾驶航空器系统的上行

遥控链路。其中，841～845MHz 也可采用时分方式用于无人驾驶航空器系统的上行遥控和下行遥测链路。

（2）1 430～1 444MHz 频段可用于无人驾驶航空器系统下行遥测与信息传输链路，其中，1 430～1 438MHz 频段用于警用无人驾驶航空器和直升机视频传输，其他无人驾驶航空器使用 1 438～1 444MHz 频段。

（3）2 408～2 440MHz 频段可作为无人驾驶航空器系统上行遥控、下行遥测与信息传输链路的备份频段。相关无线电台站在该频段工作时不得对其他合法无线电业务造成影响，也不能寻求无线电干扰保护。

2. 接收机模式的选择

接收机模式的选择是每个无人机从业者都曾遇到的问题。

这里简单对比解释一下。接收机模式 PWM、PPM（又称 CP-PM）、S. BUS、DSM2，都是接收机与其他设备通信的协议。运控器和接收机之间会采用某种协议来互相沟通，各个厂牌往往都有一套各自的协议且互不兼容。但接收机输出的信号是有通行标准的，这里讨论的就是接收机输出的信号。

（1）PWM。PWM 是 Pulse Width Modulation 的缩写，意思是脉宽调制，在航模中主要用于舵机的控制。这是一种古老而通用的工业信号，是最常见的控制信号。该信号主要原理是通过周期性跳变的高低电平组成方波，来进行连续数据的输出，如下图所示。而航模常用的 PWM 信号，其实只使用了它的一部分功能，就是只用到高电平的宽度来进行信号的通信，而固定了周期，并且忽略了占空比参数。

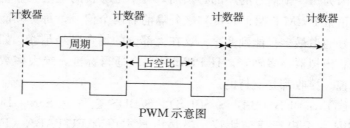

PWM 示意图

PWM 的优点很明显。由于传输过程使用 TTL（Transistor Transistor Logic，意为晶体管-晶体管逻辑电平）电平，非 0 即 1，很像数字信号，所以其拥有了数字信号的抗干扰能力。脉宽的调节是连续的，使得它能够传输模拟信号。PWM 信号的发生和采集都非常简单，现在的数字电路则使用计数的方法产生和采集 PWM 信号。信号值与电压无关，这在电压不恒定的条件下非常有用，如电池电压会随消耗而降低，AC/DC 都会存在纹波等，这些因素不会干扰信号的传输。PWM 因为处理简单，在航模圈至今仍然被广泛用于驱动舵机和固定翼无人机的电调等。其相对于 PPM 等协议最大的不同在于，它的每条物理连线里只传输一路信号。换句话说，需要传输几个通道，就需要几组物理连线。

（2）PPM（CPPM）。PPM 的全称是 Pulse Position Modulation。因为 PWM 每路只能传输一路信号，在分别直接驱动不同设备的时候（如固定翼无人机，每路各自驱动不同的舵机和电调）没有问题，但在一些场合我们并不需要直接驱动设备，而是需要先集中获取接收机的多个通道的值，再做其他用途。如将两个遥控器之间连接起来的教练模式，要将接收机的信号传输给飞控时，每个通道一组物理连线的方式就显得非常烦琐和没有必要。

航模使用的 PWM 信号，高电平的持续时间在整个时间轴上所占的空间其实是很小的（假设高电平是信号），绝大部分的时间都是空白的。PPM 简单地将多个通道的数值一个接一个合并进入一个通道，用两个高电平之间的宽度来表示一个通道的值。

因为每一帧信号的尾部必须加入一个足够长的空白（显著超过一个正常 PWM 信号的宽度）来分隔前后两个信号，每一帧能传输的信号通道最多只能到 8 个。这在大部分的场合已经足够，如教练模式、模拟器、多轴等，且 PPM 是一个通行标准，绝大多数厂牌的遥控、接收都是支持的。

（3）S. BUS（S-BUS/SBUS）。S. BUS 全称是 Serial Bus. S。BUS 是一个串行通信协议，最早由日本厂商 FUTABA（Futaba

Corp，日本双叶电子工业株式会社）引入，随后 FrSky（无锡睿思凯科技股份有限公司）的很多接收机也开始支持。S. BUS 是全数字化接口总线，数字化是指该协议使用现有数字通信接口作为通信的硬件协议。使用专用的软件协议，会使得该设备非常适合在单片机系统中使用，也就是适合与飞控连接。总线是指它可以连接多个设备，这些设备通过一个 Hub 与这个总线相连，得到各自的控制信息。

　　S. BUS 使用 RS232C 串口的硬件协议作为自己的硬件运行基础，使用 TTL 电平，即 3.3V；使用负逻辑，即低电平为"1"，高电平为"0"。波特率为 100 000（100k）。要注意不兼容波特率为 115 200。

　　（4）DSM2（DSMX）。DSM 是 Digital Spread Spectrum Modulation 的缩写。DSM 协议一共有三代，即 DSM、DSM2、DSMX。国内最常见的是 DSM2，JR 的遥控器和 Spectrum 的遥控器都支持。该协议也是一种串行协议，但是比 S. BUS 更加通用，使用标准串口定义，所以市面上兼容接收机更加便宜，兼容的设备也更多。

　　（5）选用方法。

　　①如果配置的是不加飞控的固定翼，那么就选择 PWM。

　　②如果需要配置无线教练机或无线模拟器，那么一个支持 PPM 输出的接收机可以省去连线。

　　③如果追求类似穿越机的极限表现，那也许能感受到 S. BUS 的低延迟带来的优势。当涉足功能丰富的航拍机，除了控制飞机，还要控制云台等一系列其他附加设备时，S. BUS 的多通道会带来很大便利。

二、接收机的调试

1. 接收机天线安装

（1）尽量保证天线笔直，否则会减小有效控制范围。

（2）两根天线应保持 90°角（下图）。

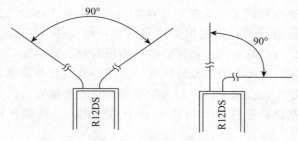

两根天线之间的角度

（3）大型的无人机可能会存在影响信号发射的金属部件，在这种情况下，天线应处于模型的两侧。这样在任何飞行姿态下都能保持拥有最佳的信号状态。

（4）天线应该尽可能远离金属导体和碳纤维，至少要有半英寸的距离，但不能过度弯曲。

（5）尽可能保持天线远离马达、电子调速器（ESC）和其他可能的干扰源。在实际安装接收机的过程中，可以使用海绵或是泡沫材料将其绕起来用以防振。

（6）接收机包含一些高精度的电子零部件，因此在使用时应小心轻放，防止剧烈振动或处于高温环境中。为了更好地保护接收机，可以用R/C专用泡沫或橡胶布等防震材料将其缠绕。为了防止接收机受潮，最好是将其放到塑料袋中并把袋口封好，还可以防止燃料以及残渣进入机身。

2. 对码

每个发射机都有独立的ID编码。开始使用设备前，接收机必须与发射机对码（即在遥控发射机与接收机之间建立唯一的通信连接）。对码完成后，ID编码则储存在接收机内，且不需要再次对码，除非接收机再次与其他发射机配套使用。当购买新的接收机时，必须要重新对码，否则接收机将无法正常使用。对码时将发射机和接收机放在一起，两者距离在1m以内。具体步骤因不同品牌有所不同，请参阅产品说明书。

（1）天地飞、Futaba的操作步骤一般如下：

①接收机通电。注意电源正负极是否正确和电压是否在安全工作范围。

②接收机长按 SET 键 3～4s，状态灯为橙色灯慢闪，进入对码状态。

③遥控器开机，检查工作模式应为 PCMS（PPM 模式不能对码）。

④遥控器进入对码菜单：通过 MENU→高级设置→对码→确定→接收机灯灭→对码成功。

（2）乐迪的操作步骤如下：

①将发射机和接收机放在一起，两者距离在 1m 以内。

②打开发射机电源开关，R12DS 接收机将寻找与之最近的遥控器进行对码。这是 R12DS 接收机的特色之一。

③按下接收机侧面的（IDSET）开关 1s 以上，LED 灯闪烁，指示开始对码。

④确认舵机可以根据发射机来操作。

三、中立微调

因各种原因会导致飞机的飞行出现偏差，因此必须进行中立微调，对舵机的中立位置进行精细调整。调整范围为 −120～+120（步阶），默认设置为 0，即没有中立微调。建议用户在开始设置中立微调之前，为确保其处舵机行程的范围限制在单一的方向，操作程序如下：

（1）测量并记录预期舵面的位置；

（2）将微调步阶量和中立微调都设置为 0；

（3）将舵机臂和连杆连接起来，使舵面的中立位置尽可能准确；

（4）在中立微调中选用较小的调整量调至精准位置。

第四节　植保无人机动力系统调试

电动植保无人机动力系统由四个部分构成，即电池、电机、电子调速器（简称电调）和螺旋桨。其选配过程是根据机身尺寸来选择螺旋桨，再根据螺旋桨和电机的搭配效率选择电机，然后根据电机最大电流选择电调，最后根据电调最大电流选择电池。其原则为：电池电压不能超过电子调速器的额定电压，电池最大电流应大于电调额定电流。电池电压不能超过电动机最大电压，电调最大电压不能超过电动机最大电压。

1. 连接方式

接收机：所用接收机必须已经和遥控器对好频率。

接收机供电：5V（UBEC 处）接入到任意一个通道。注意通道的接口定义：PWM 信号线、VCC_5V、GND。

电池：注意电源正负极。

电调：信号线接到油门三通道，电源线接到电池或者发电机的正负极。注意识别信号线定义：PWM 信号线、VCC_5V、GND。

电动机：注意三相线的接法，改变其中任意两根，可以改变电动机转向。

2. 电调起动

在使用全新的无刷电子调速器之前，仔细检查各个连接是否正确、可靠（此时请勿连接电池）。经检查一切正常后，按以下顺序起动无刷电子调速器。

（1）将遥控器油门摇杆推至最低位置，接通遥控器电源。

（2）将电池组接上无刷电子调速器，调速器开始自检，约 2s 后电动机发出"哔—"长鸣音表示自检正常。然后电动机奏乐，表示一切准备就绪，等待推动油门起动电动机。

（3）若无任何反应，请检查电池是否完好，电池连线是否可靠。

（4）若上电后 2s 电动机发出"哔—哔—"的鸣音，5s 后又发出"56712"特殊提示音，表示电调进入编程设定模式，这说明遥控器未设置好，油门通道反向，请参考遥控器说明书正确设置油门通道的正/反向。

（5）若上电后电动机发出"哔—哔—、哔—哔—、哔—哔—"

鸣音（间隔 1s），表示电池组电压过低或过高，请检查电池组电压。

（6）正常情况下，电动机奏乐后，电动机会发出鸣音依次报出各个选项的设定值，可以在此过程中的任意时刻推动油门起动电动机，而不必等鸣音结束。

为了让电调适应遥控器油门行程，在首次使用本电调或更换其他遥控器使用时，均应重新设定油门行程，以获得最佳的油门线性。

第五节　植保无人机保护功能及安全提醒

一、保护功能

1. 启动保护

当推油门启动后，如果在 2s 内未能正常启动电动机，电调将会关闭电动机，油门需再次置于最低点后，才可以重新启动。出现这种情况的原因可能有电调和电动机连线接触不良或有一条断开、螺旋桨被其他物体阻挡、减速齿轮卡死等。

2. 温度保护

当电调工作温度超过 110℃ 时，电调会降低输出功率进行保护，但不会将输出功率全部关闭，最多只降到全功率的 40%，以保证电动机仍有动力，避免摔机。温度下降后，电调会逐渐恢复最大动力。

3. 油门信号丢失保护

当检测到油门遥控信号丢失 1s 后，电调开始降低输出功率，如果信号始终无法恢复，则一直降到零输出（降功率过程为 2s）。如果在降功率的过程中油门遥控信号重新恢复，则立即恢复油门控制。这样做的好处是：在油门信号瞬间丢失的情况下（小于 1s），电调并不会进行断电保护；如果遥控信号确实长时间丢失，则进行保护，但不是立即关闭输出，而是有一个逐步降低输出功率的过程，给操控者留有一定的时间救机，兼顾安全性和实用性。

4. 过负荷保护

当负载突然变得很大时，电调会切断动力或自动重新启动。出现负载急剧增大的原因通常是螺旋桨打到其他物体而堵死。

二、安全提醒

在调试过程中或完成后需要试飞测试，应当注意以下方面：

（1）遥控器上务必设置"油门锁"。飞机上电时，确认油门是被锁住的。飞机在跑道上就位，临起飞时，再打开油门锁。飞机一落地立即把油门锁住，防止走动过程中误触碰油门摇杆，导致电动机转动伤人。

（2）给飞机上电前，应认真确认当前飞机与遥控器所选飞机是否对应。

（3）遥控器没有办法设置油门锁的，要注意给飞机上电时，不要把遥控器挂在胸前或立着放在地上，防止误碰油门摇杆。

（4）起飞前最好先试试各个舵面方向反应是否正确，新手不要飞带病（机身不正、舵机乱响等）的飞机。

（5）给飞机上电时，要确认电池电量是充足的，而不是刚刚用过的。

（6）使用桨保护器的，要经常检查绑扎螺旋桨的皮筋是否老化，尤其是放置了一段时间没飞的飞机。

（7）手拿飞机时，手握飞机的位置必须避开桨叶转动可以打到的地方。

（8）拿到刚刚降落的飞机时，即便是锁了油门锁，第一件事也是要立即断开电池与电调的连接。

（9）没有起落架的尾推类飞机（飞翼等）尽量用高 KV 值的电动机和小桨，采用正确的姿势把飞机抛出，防止打到手（越小的飞翼，越容易打到手）。

（10）新手在任何情况下飞任何机型，都不要试图用手接住正在降落的飞机。

（11）飞行时，一定要先开遥控器，再给飞机上电。防止因设置过失使保护电动机突然启动。

（12）调试飞机的电子件（包括设置遥控器、电调）时，最好取下螺旋桨。如果实在不方便取下螺旋桨，一定注意不要让桨的前面和正侧面有人，以防电动机突然转动，致使飞机蹿出。

（13）不要让飞机在人群上空飞行。也不能对着人、车，甚至猫、狗等动物降落。

（14）无论如何也要让观看飞行的人站在操控者的后面。操控者要选择背对阳光的方向飞行，尽量操控飞机不要飞到操控者的身后，更不能以操控者为圆转圈飞。

（15）尽量不要在飞场进行遥控器和接收机的对频。经常有人把接收机对到别人遥控器上，发生电动机突然启动的状况。

总之，安全无小事。请务必增强安全意识，养成安全飞行的好习惯。

第六章 植保无人机施药技术

第一节 植保无人机施药优势

以前农作物病虫害的防治都是采用传统人工喷药技术来进行的,但是这种传统喷药技术不仅不安全,而且效率非常低下,早已不能满足行业发展的现状。植保无人机喷药比传统喷药技术更安全,携带摄像头的无人机可以多次飞行进行农田巡查,帮助农户更准确地了解粮食生长情况,从而更有针对性地喷洒农药,防治害虫或是清除杂草。其效率比人工打药快百倍,还能避免人工打药的中毒危险。传统的喷药技术速度慢、效率低,很容易发生故障。

人工喷洒农药

植保无人机在我国有着无限的发展潜力。随着我国精准农业发展要求的不断提高,国家政策的推广力度将继续加大。高浓度、低容量的植保无人机施药技术已经成为我国农用植保领域的重要力量。植保无人机的应用优势有:保护农田和地下水不受污染,保护人身健康，适应面广，节省人力和资源，精准度高效果好。

植保无人机农药喷洒

一、保护农田和地下水

目前，我国受农药污染的耕地面积高达 16 万 km²。植保无人机采用高浓度、低容量施药技术为我国农药资源的高效利用提供了科学支撑和技术保障。植保无人机是在空中飞行，相比传统的拖拉机以及人工打药而言，有诸多优点：它不会留下辙印损坏农作物；作业飞行过程中，旋翼带来的风场和施药系统喷头喷洒过程中产生的静电相互影响，会让药液的微小颗粒附着在农作物茎叶的表面（包含作物茎秆和叶子的正反面），不像传统的施药模式给农作物洗了个澡而药液都流失到地面上了；也避免了喷施药液对土壤和地下水造成二次污染，真正做到精准防治病虫害。

植保无人机农业喷洒作业

二、适应面广

目前市场上有手控飞行与自主飞行两种植保无人机，但随着行业的发展，自主飞行将会成为趋势。固定翼无人机因为需要跑道起降等限制因素，目前已基本退出植保市场。电动多旋翼植保无人机起降不受场地限制，对农业作业环境要求不高，可以在田间地头起降，也可以利用避障技术或者仿地功能在丘陵山区、灌木丛中作业，适应多种地形、多种作物，表现出超强的作业环境适应能力和高效的作业能力。

无人机植保作业不仅对突发性、爆发性显著的病虫害具有实时、快速统防统治的优势，对于常见作物病虫草害的精准防治适应性也很强。随着无人机喷洒系统的不断优化，无论是选择水剂、油剂、乳剂，还是固体颗粒、粉剂等药剂类型，植保无人机都有超强的适应性。

植保无人机农药喷洒适用于不同作物

三、安全、保护人身健康和环境

传统的农作物病虫草害防治每年因为农药中毒事件的发生，既让人心痛又让人感到可惜。植保无人机施药操作人员无须与农药直接接触，降低了农药对飞手的伤害，能规避传统打药方式所面临的中毒风险，提高安全性。与植保机配套的农药灌药机的使用，可以实现真正意义上的人药分离，进一步提高植保打药的安全性。植保无人机精准施药保证了药液在目标物上的精准喷洒，减少了雾滴在目标区域外的飘移，对我国农田环境、周边水系、附近果园、养蜂养蚕和附近百姓的身体健康进行了有效保护。

植保无人机农药喷洒人药分离

四、精准度高

植保无人机在飞行中产生的下洗气流使雾滴在作物的冠层内有更大的渗透性，增加了雾滴在作物叶片上的沉积压力，有助于叶片对雾滴的吸收；无人机旋翼产生的涡流会吹动作物叶片，使叶片的正、反面均匀地接触到药液，增加了作物各部位与药液的接触概率。与传统机械及人工喷洒系统相比，植保无人机喷药比传统喷药技术作业效率更高，药液更容易渗入，可以减少20%以上的农药用量，达到最佳喷药效果。无人机理想的飞行高度低于

3m，飞行速度小于 10m/s，在大大提高作业效率的同时，也更加有效地提高了防治效果。旋翼无人机将作物病虫草害防治效果提高了 15％～35％。

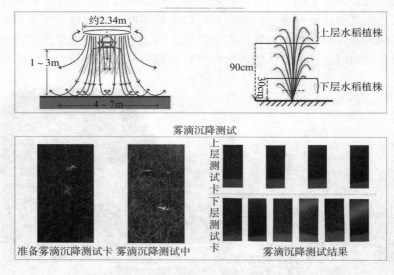

测试结果显示夹在上层和下层的测试卡雾滴分布均匀

五、省药省水、节约资源

植保无人机喷洒农作物作业的施药液量是每亩地 1～2L，是传统机械喷洒量的 3％左右。低量喷洒提高了农药的利用率，降低了能源消耗，既省水又省药。植保无人机喷洒系统安装变量喷洒装置，利用 PWM 变量喷洒技术，可以对不同作业参数，如作业高度、飞行速度、流量等进行调节，使植保无人机具备极好的实时调整喷洒作业参数的能力，达到精准喷洒、靶向施药的目的。该喷的地方喷药，不该喷的地方不喷药，该多喷的地方多喷，该少喷的地方少喷，有的放矢，既省水省药，又保护了作物原色。

植保无人机农作物喷洒

六、作业高效

植保无人机能通过遥控器自动规划航线，自主按航线飞行并可自主接力，可以减少人工喷洒时漏喷重喷的现象，保证植保施药质量。

1. 作业效率高

植保无人机喷药使用的是航空药剂，药剂的主要特点是低容量、高浓度。飞行作业速度每秒 6～10m，喷幅 5～12m，飞行作业的效率非常高，是传统人工植保的 100 倍，可以达到 4.00～6.67km^2/h。

2. 节省劳动力

用植保无人机打药既提高了效率又解放了劳动力。我国劳动力数量逐年降低主要有两方面的原因：一方面是工业化城镇化脚步加快带来的产业流动，另一方面是计划生育政策使得农村出生率降低所带来的老龄化，农村适龄人口减少。

植保无人机的快速发展和广泛应用，既是农村劳动人口减少带来的机遇，也是农机现代化的必然趋势。

3. 效果好

植保无人机飞行作业时，使用离心喷头进行药物喷洒，通过离心喷洒，将药液雾化成极细的颗粒，飞行时，螺旋桨巨大旋力产生的下压气流能带动药物穿透到植物背面，促进植被对药液的吸收，达到较好的施药效果。

4. 成本低

植保无人机喷药比传统喷药技术更节省成本，无人机喷药服务一亩地的价格在 7 元左右，用时也仅仅只有 1min 左右，一个农用作业组包括 6 个人、1 辆轻卡和 1 辆面包车、4 架多旋翼无人机，在 2 天时间内可施药作业 1 万亩。和以往的传统喷药技术雇人喷药相比，节约了成本、节省了人力和时间。

无人机植保作业与地面机械作业相比，每亩植保作业面积可减少作物损伤，节约水、用工、油料、维修、折旧等其他支出 56 元。植保无人机高浓度的喷洒，提高了农药的有效利用率，同时也节约了大量的水资源，减少了食品农药残留物，避免了农药对牲畜用水的污染，也保护了土壤。

5. 收益高

罗锡文院士 2013 年根据生产实践的数据推算，按照微小型无人机使用寿命 5 年、机动喷雾机与手动喷雾机使用寿命 3 年计算，25kg 和 15kg 两种载重的旋翼无人植保机的年度收益分别是机动喷雾机的 33 倍和 25 倍；未将人工成本计算在内时，二者分别是人工手动喷雾机的 133 倍和 93 倍。

截至 2022 年，植保无人机同载重价格已经是 2013 年的 1/5，而劳动力的价格已经远远高于往年。

植保无人机作业节水、省药、效率高

第二节 植保无人机施药的专用药剂

一、植保无人机施药对专用药剂的要求

1. 安全高效

由于植保无人机施药的药液浓度大，不仅要求高浓度药剂对作物安全和高效，而且还需要考虑其毒性（急性毒性、亚急性毒性、慢性毒性）及环境安全性（对蜂、鸟、鱼、蚕、水生生物、家畜、天敌昆虫、蚯蚓、土壤微生物，暴露人群如生产工人、施药人员、附近居民，以及大气、水源、非靶植物的安全性），充分评估其施药安全性和风险，做好风险防范紧急预案。

2. 剂型合理

植保无人机施药液浓度高，需要选择能够高浓度稀释而不容易堵塞喷头的制剂，并且在一定时间内不发生分层、析出和沉淀。对于含有有机溶剂的制剂，则要求其低毒、密度较大。另外，对于2种以上不同制剂混合，要求其相容性要好，事先做好配伍性试验并在使用时进行二次稀释。如果使用过程中加入专用的植保无人机施药助剂，也有助于解决稀释问题。

3. 抗挥发和抗飘失

植保无人机施药有一定高度，在风的作用下，$80\sim400\mu m$ 的雾滴容易飘失，不仅会防效低，而且会造成药害和污染，所以要求专用药剂具有抗挥发和飘失的性能。如果药剂抗飘失性能差，可以加入专用的植保无人机施药助剂或设置不施药缓冲区。

4. 沉积性能好

植保无人机施药雾滴在植物表面是点状分布的，因此要求雾滴在植物表面黏附性能好，从而提高农药利用率。

二、植保无人机施药专用药剂及剂型

最早开发的适应于植保无人机施药的农药专用剂型是超低容

量液剂，它是一种直接喷施到靶标而无须稀释的特制油剂，具有低黏度和高稳定性，适合于植保无人机施药成 $60\sim100\mu m$ 的细小雾滴，均匀分布于作物茎叶表面，有效发挥防治病虫草害作用。超低容量液剂制备关键在于溶剂的选择，在选择溶剂时需要考虑其溶解性、挥发性、药害、黏度、闪点、表面张力和密度等。一般选择使用闪点大于 $40℃$、沸点在 $200℃$ 以上的溶剂油，近年来多用植物油或改性植物油。国内参与植保无人机施药的企业开发植保无人机施药专用超低容量液剂的热情较高。据中国农药信息网查询结果显示，截至 2018 年 10 月我国已取得登记的超低容量液剂见表 3。

表 3   我国已经取得登记的超低容量液剂

名称及有效含量	登记作物及防治对象	生产企业
甲氨基阿维菌素 1%	水稻，稻纵卷叶螟	广西田园生化股份有限公司
嘧菌脂 5%	水稻，纹枯病	广西田园生化股份有限公司
戊唑醇 3%	水稻，稻曲病	广西田园生化股份有限公司
苯醚甲环唑 5%	水稻，纹枯病	广西田园生化股份有限公司
烯啶虫胺 5%	水稻，稻飞虱	广西田园生化股份有限公司
茚虫威 3%	水稻，稻纵卷叶螟	广西田园生化股份有限公司
阿维菌素 1.5%	水稻，稻纵卷叶螟/红蜘蛛	广西田园生化股份有限公司
噻虫嗪 3%	小麦，蚜虫	河南金田地农化有限责任公司
唑醚·戊唑醇 10%	小麦，白粉病	河南金田地农化有限责任公司

由于市场上用于植保无人机施药的制剂较少，部分还是常规制剂，主要是粒径相对较小的制剂，比如悬浮剂、乳油、水乳剂和微乳剂等。若使用水分散粒剂和可湿性粉剂，则在制备过程中应尽可能地减少制剂粒径和使用能溶于水的填料。

目前，国内在植保无人机施药过程中应用的农药产品涵盖杀虫剂、杀螨剂、杀菌剂、除草剂以及植物生长调节剂等各类产品。如氯虫苯甲酰胺、溴氰虫酰胺、溴虫腈、氟啶虫胺腈、螺虫乙酯、螺螨酯、烯啶虫胺、吡虫啉、吡蚜酮、啶虫脒、虫酰肼、噻虫嗪、噻虫啉、阿维菌素、多杀菌素、苦参碱、白僵菌、绿僵菌、蝗虫微孢子虫、浏阳霉素、井冈霉素、吡唑醚菌酯、丙草胺、苄嘧磺隆、氰氟草酯、五氟磺草胺、双草醚和芸苔素内酯等。涉及剂型有水分散粒剂、悬浮剂、悬乳剂、水乳剂、微乳剂和超低容量液剂等。

第三节　植保无人机施药助剂

植保无人机施药助剂又称为植保无人机施药辅助剂，是植保无人机施药专用药剂的加工和使用中除农药有效成分外的其他各种辅助物料的总称。虽然它是一类助剂，本身一般没有生物活性，却是在植保无人机施药制剂配方中或施药时不可缺少的添加物。每种植保无人机施药助剂都有特定的功能：有的能降低药液的表面张力；有的可减少细小雾滴的产生，减少飘移；有的能增加雾滴在靶标上的黏附与沉积；有的能提高润湿和展布性能；有的能溶解或渗透昆虫或植物叶片表面蜡质层；有的可促进药剂的吸收和传导；有的能提高药液的速效性；有的可提高农药的生物活性或应用效果，增加药效；有的可防止有效成分的分解；有的可增加施药的安全性；等等。总之，植保无人机施药助剂的功能，不外乎改善农药的物理和化学性能，最大限度地发挥药效或有助于植保无人机施药的安全性。

一、植保无人机施药助剂的分类

按照功能，植保无人机施药助剂一般分为两类：一类是促进药剂布展、渗透、吸收的助剂，市场上也普遍称之为植保无人机施药助剂；另一类是提高药剂在植保无人机施药过程中快速沉降的助剂，也称为沉降剂。按照不同的分类方式，可将植保无人机施药助剂分为不同的类型。如按功能分，可将植保无人机施药助剂分为展着剂、抗飘移剂、蒸发抑制剂、黏附剂、渗透剂、增效剂、安全剂和吸收剂等。

1. 展着剂

展着剂主要是通过提高喷洒药液在植物茎叶和害虫、病原菌体表的湿润和展开能力，从而充分发挥药效的助剂。比如使用无人机在水稻上喷药的时候，因为水稻的叶片为疏水性表面，一般药液在叶片上表现出不浸润，会导致药液吸收受影响，最终影响药效，加入展着剂之后就可以提高药液在叶片上的展布，从而提高药效。

2. 抗飘移剂

抗飘移剂是通过减少小雾滴的产生以及增加雾滴的沉降来减少雾滴飘移。植保无人机施药中细雾滴为最易飘移的部分，因此，从制剂药液、药械及喷施技术上减少细雾滴是十分必要的。雾滴在运行传递过程中，可挥发组分的蒸发是造成大量细雾滴的重要原因。抗飘移剂的主要作用就是减缓汽化、抑制蒸发、防止雾滴迅速变细而产生飘移，一般以高分子聚合物居多。国外助剂公司生产的抗飘移剂相对成熟。

3. 蒸发抑制剂

蒸发抑制剂能减少雾滴在运动过程中的蒸发，使更多的雾滴到达作物靶标。蒸发抑制剂能够减缓药液在喷施过程中和在叶面上的蒸发。植保无人机施药雾滴分散度高，形成的雾滴粒径小一般为$50\sim100\mu m$，易飘移，表面积很大，挥发率高，因此必须选用挥发性低的助剂。

4. 黏附剂

黏附剂是增加农药在植物叶片或者昆虫体壁等固体表面黏附性能的助剂。喷施到叶面上的药剂载体溶液蒸发后，只留下固体的活性物质颗粒，而这些固体的颗粒有被风吹、雨洗的可能。黏附剂是一些黏性的、不易蒸发的化合物，可以使药物颗粒被黏在叶面上，增加活性成分被叶片吸收的机会。黏附剂常常是聚合物。

5. 渗透剂

渗透剂是指促进药液的有效成分渗透或通过植物叶片、昆虫表皮进入内部的助剂种类。

6. 增效剂

增效剂本身是没有生物活性的，但可以通过抑制生物体内的解毒酶、提高农药的生物活性等来提高农药的药效。

7. 安全剂

安全剂可通过生理生化过程减少作物的药害产生情况。如在除草剂植保无人机施药时加入适量解草胺腈能大大降低药害风险。

8. 吸收剂

这一类助剂可以帮助活性成分穿透叶面的角质层、细胞壁、细胞膜而进入细胞内。它渗透性强，能使药物杀死组织内病原菌类或渗入昆虫体壁内杀灭害虫。如除草剂植保无人机施药时可加入适量卵磷脂、维生素 E（安融乐），能加快死草速度、提高药效。

二、植保无人机施药助剂的作用机理

植保无人机施药属于超低容量喷雾，在低稀释倍数和高稀释倍数下会有很大差别，关键是如何让药剂在低稀释倍数下仍然保持高度分散。植保无人机施药多在开放空间如大田中进行，环境复杂。当风速大于 3 级、温度小于 37℃、湿度大于 50％时，有利于植保无人机施药作业，反之很难保证植保无人机施药效果。开发植保无人机施药专用农药是一个长周期、高投入、高风险的工作，或许从植保无人机施药助剂上可以得到突破。植保无人机施药助剂作用机理有如下几类。

（1）降低药剂产品稀释液的表面张力，提高喷头系统雾化效果。

（2）提高雾滴的沉降速率，使雾化的液滴迅速地从空中沉降至作物的叶面和标靶体表。

（3）提高雾滴的抗飘移能力，降低飞机下压气流带来的干扰，减少飘移带来的药害和利用率的下降。

（4）有效提高雾滴对叶面的附着力，改进雾滴的润湿和铺展能力，降低飞机下压气流对雾滴沉淀附着的干扰，有效提高雾滴在作物叶面或标靶害虫体表上的黏附作用。

（5）有效提高标靶对药液的吸收，加快蜡质层溶解，促进药液吸收。

（6）在高温情况下具有良好的耐挥发能力，可有效降低药液在叶面表面的蒸发；延长药物的作用时间，提高整体的药效和防控能力。

（7）有效提高耐雨水冲刷的能力，降低雨水对作物叶面有效成分的冲淋作用，提高活性成分在叶面的滞留时间，促进药物成分的进一步吸收。

三、植保无人机施药助剂的作用

植保无人机施药时由于配方组成的局限，或因不能添加太多抗蒸发、抗飘失成分，或因加入助剂过多而造成配方体系不稳定。此时，添加植保无人机施药助剂能很好地解决这个问题，而且能降低农药的使用量。据报道，在不适宜作业条件下，在药液中加入 1% 的植物油型助剂，可减少 20%～30% 的用药量，获得稳定的药效。在植保无人机施药助剂上，主要为高分子聚合物、油类助剂、有机硅等。国内外大量研究和田间试验结果表明，添加合适的植保无人机施药助剂，能起到以下作用。

1. 影响雾滴大小

加入合适的植保无人机施药助剂后，药液的动态表面张力、黏度等性质发生变化，因此在相同的喷头和压力下，喷出的雾滴大小会发生变化。一般来说，油类助剂能够适当增加雾滴粒径。

2. 抗飘失

加入植保无人机施药助剂能够改变雾滴粒径分布，减少飘失。据国外报道，在相同条件下，加入水后的飘失量为 21%，加入油类植保无人机施药助剂后飘失量变为 13%。

3. 抗蒸发

试验表明，在相同条件下，25% 嘧菌酯悬浮剂的蒸发速度为 $4.28\mu L/(cm^2 \cdot s)$，而加入植物油型植保无人机施药助剂的蒸发速度为 $3.95\mu L/(cm^2 \cdot s)$。

4. 促沉积

加入植保无人机施药助剂后，助剂能够帮助药液很好地在植物体表润湿、渗透，促进农药沉积。

四、植保无人机施药助剂的使用技术

植保无人机施药与人工喷雾相比具有喷液量小、雾滴细小、喷速较快的特点。在如此大的变化之下，如果没有助剂的添加，在特殊气候条件下就可能出现施药效果不好的情况。添加植保无人机施药助剂具有减少药液蒸发、促进药液在标靶上的快速布展、提高药液渗透、提高药效的作用。使用植保无人机施药助剂有时会出现使用效果差或出现问题，主要有以下原因。

1. 助剂选择性问题

对于非离子表面活性剂、矿物油、液体肥型喷雾助剂，在干旱条件下效果会受影响，所以在干旱条件下应避免选择这些助剂。在植保无人机施药助剂的选择上，建议选择具有多种功能的复合型助剂，不要将单一的有机硅用于植保无人机施药助剂。

2. 加入助剂量不够

高温干旱条件下，必须加入植物油型喷雾助剂，剂量为喷液量的 $1\%\sim2\%$，才能取得很好的效果。

3. 操作问题

植保无人机在施药过程中，重喷、漏喷、悬停时未关闭喷头，都会对效果造成影响。

4. 气候问题

在气温为 $13\sim27℃$、空气相对湿度大于 65%、风速小于 $4m/s$ 时，施药较好。其他不适宜气候，尽量减少喷药。

五、植保无人机施药助剂的合理选择

合理选择植保无人机施药助剂可明显提高防治效果。市场上存在的助剂种类较多，如何正确选择植保无人机施药助剂是当前的一个重要问题。植保无人机施药助剂不同于常规助剂，在选择时一定要考虑以下几方面。

（1）从产品本身讲，要想针对性地解决植保无人机施药过程中的问题，产品需具备抗蒸发、抗飘移、促沉降、附着、促吸收等性能。

（2）在不同省份、针对不同作物、在不同病虫害上做了大面积试验示范及应用，且增效作用显著，即植保无人机施药助剂适用性一定要强。

（3）得到全国农技推广部门的验证。农技推广部门在评价植保无人机施药助剂时涉及面广，测试性能指标多，说服力强。

（4）在助剂生产企业方面，要尽量选择综合实力强的大企业。大企业在原料筛选、生产工艺以及配方评价方面相对严谨，后期的技术服务支持更加专业。

第四节　植保无人机配药与清洁

一、药剂配制流程

1. 配制前准备

（1）检查确认配药工具是否齐全（水桶、母液桶、汇总桶、搅拌棒、橡胶手套、护目镜、防毒面具等）。

（2）检查确认个人防护用具着装（身穿长衣长裤、手戴橡胶手套、口戴防毒面具、眼戴护目镜、头戴防护帽）。

2. 药剂配制

（1）根据药品配方中所含药剂剂型，按照以下顺序进行配比（叶面肥、可湿性粉剂、水分散粒剂、悬浮剂、微乳剂、水乳剂、水剂、乳油）。

（2）所使用药剂要严格按照二次稀释法配制，在母液桶中加少量清水，将药剂分别单独加入母液桶进行稀释溶解后装入汇总桶，搅拌均匀后再往汇总桶内加水至所需用量。

（3）回收药品包装，集中妥善处理，不随意丢弃。

（4）植保无人机飞行作业时，作业人员应站在上风口处。

（5）农用作业结束后，应及时用清水清洗喷洒系统。

药剂配制

3. 二次稀释

对农药进行二次稀释也称为两步配制法，是农药配制的方法之一。用二次稀释法配制农药药液，是先用少量水将药液调成浓稠母液，然后再稀释到所需浓度，它比一次配药具有许多优点：能够保证药剂在水中分散均匀；有利于准确用药；可减少农药中毒的危险。

农药进行二次稀释的方法有以下三种。

（1）选用带有容量刻度的母液桶，将药放置于瓶内，注入适量的水，配成母液，再用量杯计量使用。

（2）先在母液内加少量的水，再加放少许的药液，充分摇匀，然后倒入汇总桶，再补足水混匀使用。

（3）若需要复配药剂时，将所需要配制的药剂在母液桶内分别稀释后倒入汇总桶，按照所需要的量进行定容。

注意：为了保证药液的稀释质量，配制母液的用水量应认真计算和仔细量取，不得随意多加或少用，否则都将直接影响防治效果。

二、农药混用原则和注意事项

在植保无人机飞防作业过程中，为了减少用药次数，同时达到提高防治效果的目的，常常会遇到 2 种或 2 种以上的农药、叶面肥混配使用的情况。农药混用虽有很多好处，但不能随意混用。

1. 农药混用原则

（1）不同毒杀机制的农药混用。作用机制不同的农药混用，可以提高防治效果，延缓病虫产生抗药性。

（2）不同毒杀作用的农药混用。杀虫剂有触杀、胃毒、熏蒸、内吸等作用方式，杀菌剂有保护、治疗、内吸等作用方式，如果将这些具有不同防治作用的药剂混用，可以互相补充，会产生很好的防治效果。

（3）作用于不同虫态的杀虫剂混用。作用于不同虫态的杀虫剂混用可以杀灭田间各种虫态的书虫，杀虫彻底，提高防治效果。

（4）具有不同时效的农药混用。有的农药种类速效性防治效果好，但持效期短；有的速效性虽差，但作用时间长。这两类农药混用，不但施药后防效好，而且还可起到长期防治的作用。

（5）与增效剂混用。增效剂对病虫虽无直接毒杀作用，但与农药混用却能提高防治效果。

（6）作用于不同病虫害的农药混用。几种病虫害同时发生时，采用该种方法可以减少喷药的次数，减少工作时间，从而提高功效。

2. 农药混用的注意事项

（1）不改变物理性状，即混合后不能出现浮油、絮结、沉淀或变色，也不能出现发热、产生气泡等现象。

（2）不同剂型之间，如可湿性粉剂、乳油、乳剂、胶悬剂、水溶剂等以水为介质的液剂不宜任意混用。

（3）保证混配后对农作物不会产生药害。各有效成分对农作物没有药害，其混配之后也不能产生药害，这是农药混用应遵循的原则。如果混用后有效成分之间发生化学反应，可能产生对农作物有药害的物质。例如，石硫合剂与波尔多液混用，可产生有害的硫化铜和可溶性铜离子，所以不能将石硫合剂和波尔多液混用。

（4）具有交互抗性的农药不宜混用。如杀菌剂多菌灵、甲基硫菌灵具有交互抗性，混合使用后不但不能起到延缓病菌产生抗药性的作用，反而会加速抗药性的产生，所以不能混用。

（5）生物农药不能与杀菌剂混用。许多农药杀菌剂对生物农药具有杀伤力，因此，微生物农药与杀菌剂不可以混用。

三、植保无人机的清洁

植保无人机在田间地头打药，会沾染上农药，影响植保无人机的使用寿命。因此，应做好清洁工作。

1. 农药类

喷雾器、弥雾机等在使用后要认真清洗，马虎不得。

（1）在使用一般农药后，用清水反复清洗，直到喷洒系统流出清水晾干即可。

（2）不能晾干时，如喷洒了在碱性条件下分解或者失效的药剂时，可用肥皂水、洗衣粉水、苏打水等碱性溶液清洗。

（3）对毒性大的农药，用后可用泥水反复清洗，倒置晾干。

2. 除草剂类

（1）清水清洗。在使用麦田常用除草剂如苯磺隆（巨星），玉米田除草剂如乙阿合剂等，大豆、花生田除草剂如吡氟氯禾灵（盖草能），水稻田除草剂如敌草快、苯达松等时，喷完后需马上用清水清洗桶及各零部件数次，之后用清水灌满喷雾机浸泡 2~24h，再清洗 2~3 遍，便可放心使用。

（2）泥水清洗。有的药剂遇土便可钝化，失去杀草活性的原理，因而在喷完除草剂后，只要马上用泥水将喷雾器清洗数遍，再用水洗净即可。

（3）硫酸亚铁洗刷。小麦除草剂中有一定吸附性的二甲四氯等，在喷完该除草剂后，需用 0.5% 的硫酸亚铁溶液充分洗刷。

3. 粉剂和乳油类药剂

不建议用植保无人机喷洒粉剂。如果用无人机喷洒少量粉剂后，可以用温水和洗衣粉反复清洗；用无人机喷洒化控类粉剂后，需要将植保无人机喷洒系统浸泡 2~24h，反复清洗 2~3 遍。

用无人机喷洒乳油类药剂后可以用热水和肥皂水反复清洗晾干；用无人机喷洒化控类乳油（如二甲戊灵）后，需要将植保无人机喷洒系统浸泡 2~24h，反复清洗 2~3 遍。

第七章 植保无人机其他应用技术

第一节 植保无人机授粉作业技术

一、授粉作业概述

春种一粒粟，秋收万颗子，一粒小小的种子与农民的收入息息相关。当前，我国水稻种植和收获机械化水平发展较快，在 2016 年，水稻的耕种和收获基本实现了机械化。但杂交水稻制种机械化仍处于较低水平。20 世纪 60 年代，我国成功培育出水稻不育系、保持系和恢复系的"三系"配套技术，率先在世界上育成杂交水稻。在杂交水稻生产过程中，授粉是制种尤为关键的一个环节，直接关系到杂交水稻的产量与质量。杂交制种由不育系（母本）与恢复系（父本）杂交而成。杂交制种属于异花授粉，父本所提供的高密度花粉充分、均匀地落在母本柱头上，才能获得满意的种子结实率，所以说辅助授粉是保证制种成功的关键因素之一。水稻授粉是一项技术要求强、精度要求高、时间要求紧的作业，受气候环境影响明显。目前传统的人工授粉方法包括双短竿推粉法、绳索拉粉法、喷粉授粉法、碰撞式授粉等。另外，水稻的花期很短，开花时间为 10：00—12：00，花粉的寿命也短，这些生理原因都会导致水稻授粉率下降。为了提高花粉的利用率和母本的结实率，在整个人工授粉时期，需要保持每天授粉 3 或 4 次，且必须在 30min 内完成，"赶粉"时动作要快，才能保证花粉弹得高、散得宽。但是这些传统方法都需要消耗大量的人力和物力，也不能满足规模化授粉作业的要求。

植保无人机授粉作业

农用无人机具有精准作业、高效环保、智能化、操作简单、环境适应性强、无须专用起降机场等突出优点，在农业生产中越来越受到青睐，目前已研制有多种机型的无人直升机进行田间植保作业的示范应用。为了适应社会和现代农业发展的需求，如何利用无人机的优势，实现杂交水稻制种全程机械化，已成为近期水稻产业中最重要的技术突破。

直升机授粉的工作原理为：利用螺旋桨产生基本与植株平行的搅动气流，且该气流有垂直向下和水平作用两个分量，水平分量将花粉从父本柱头上吹散，随风力散落到母本柱头上，往复2～3次完成授粉作业。无人驾驶直升机具有作业高度低、无须专用起降机场、操作灵活轻便、环境适应性强等突出优点，授粉作业效率可达 $80\sim100hm^2/d$，是人力的 20 倍，且成本较低，适用于大面积水稻制种辅助授粉作业。在水稻机械化制种过程中，辅助以机械授粉和喷施农药激素技术，可以改变田间父本和母本的种植群体结构，研究父本和母本的机械化种植、收割、种子田间化学干燥和机械烘干技术，从而实现从田地耕整、播种移栽、施肥喷药、授粉、收割到种子干燥的全程机械化制种作业的技术路线。杂交水稻制种全程机械化技术能节省大量劳力，大幅减轻劳动强度，降低劳力成本，可促进我国从传统种业向现代种业的发展，促进规模化、机械化、标准化、集约化种子生产基地的建设，全面提升我国杂交水稻供种保障能力，继续保持我国杂交水稻技术的世界领先地位。

二、我国杂交水稻植保无人机授粉方法

我国幅员辽阔，农田土地环境呈现多样性。我国北方及新疆等地具有大面积的平原，地块单元大块连片，单位面积上农田生态系统相对单一，地势平坦开阔，耕地面积广阔，有利于大型机械化操作的实现；但是南方的丘陵地区地块细碎，土壤复杂，地形起伏较大，单位面积上的农田生态系统较为复杂。因此美国的杂交水稻全程机械化制种技术未必能够在我国，特别是农田环境较为复杂的丘陵地区得到广泛的应用。但可以借鉴美国的直升机辅助授粉方法，将目前我国所研发的农用航空无人直升机用于杂交水稻制种辅助授粉，实行父本和母本大间隔栽插，这一改进不仅可以保留母本水稻的优良基因，也可以使父本、母本都能实现机械化插秧与收割。

无人机在杂交水稻授粉上的应用是一项了不起的创新（罗锡文，2012），是实现杂交水稻制种全程机械化的突破口，将为杂交水稻制种技术带来革命性的改变。同时，无人机授粉也在其他作物、林木中开始得到应用。

据了解，山核桃雄花花期短，而且核桃雌、雄花的花期不一致，为"雌雄异熟"性。一般山核桃雌花花期只有 10 天，并有等待授粉的习性，授粉后第 3 天雌花柱头就变黑、枯萎。山核桃花期为 4 月下旬到 5 月上旬，而散粉期如遇低温、阴雨、大风等，将对授粉、受精不利。雄花过多，消耗养分和水分过多，也会影响树体的生长和结果。为了提高产量，需要充分利用不同海拔散粉期的差异，采集、储藏花粉，进行人工授粉，但是传统的人工授粉存在授粉效果差、工作效率低、影响人身安全等弊端。浙江省淳安县林业局和中国林业科学研究院亚热带林业研究所于 2016 年开始合作，利用无人机对山核桃进行人工授粉实验。采用无人机授粉技术之后，山核桃的总产量和果实质量均有显著提高，尤其是喷粉作业效

率为人工授粉的 30～50 倍，大大提高了山地作业效率，使在山核桃等风媒花树种的主产区实施大面积无人机授粉成为可能，在技术方面为其长期高产、稳产与质量提升打下了基础。

从总体来看，无人驾驶直升机是实现杂交水稻制种全程机械化的关键及必然选择。微型农业无人直飞作业相对来说比较安全，具有以下优势。

（1）适用于相对比较复杂的农田环境，特别是宽广的东北地区和新疆地区。但是鉴于我国南方丘陵山区地势复杂，基地田块小，具有树冠茂密的高大乔木，因此在植保无人机的研制方面需要考虑防撞系统。

（2）水稻的授粉效果也受到不同农用植保机旋翼所产生的风场差异的影响。不同类型的植保无人机在辅助授粉时，需要配比相应的飞行参数（高度、速度、飞机与负载质量）、父本和母本厢宽比，以及授粉的效率和成本。

无人机在旋翼风力下进行辅助授粉时需要考虑花粉的分布情况与旋翼风场在水稻冠层平面的分布规律。因此在评价效果时，需要装置风场无线传感器网络测量系统进行风场数据采集，风场无线传感器网络测量系统由飞行航线测量系统、若干风速传感器无线测量节点及智能总控汇聚节点组成，见下图为 WWSSN 在田间检测风场的模式图。具体为采样节点两两间隔 1m，沿垂直水稻父本行排列为一行，放置 20 个采样节点，用于同步测量对应方向的自然风速。每个节点上布置 3 个风速传感器，风速传感器轴心的安装方向分别为平行于飞机飞行方向 X，即平行于水稻种植行方向；垂直于飞机飞行方向 Y，即垂直于水稻种植行方向；垂直于水稻冠层方向 Z、X、Y 向形成的平面与水稻冠层面水平，花粉的悬浮输送主要来自这两个方向的风力，风力越大越好；Z 向主要考察飞机所形成的风场对水稻植株的损伤情况（例如，大旋翼飞机悬停时风速可达 15m/s 以上，易造成水稻倒伏），该向风速越小越好。微处理器负责采集这 3 个方向的风速传感器信号并转化成风速存放于存储器中或通过无线收发模块发送出去。农用旋翼无人机按照指定飞行参数沿田间父本种植行飞行，在接近传感器阵列行时开始采集数据。单次数据采集完毕时，飞行器在父本种植行前端或尾端悬停待命，待数据传输过程结束，开始下一次飞行作业。

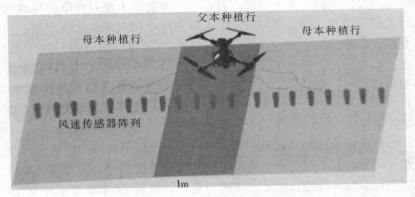

WWSSN 在田间检测风场模式图

国产植保无人机 HY-B-15L 机型航空有效作业时间为 25～40min，有效载荷为 15kg，抗风能力为 5 级，机身质量为 9.5kg，双药箱，无副翼，操控性能好，植保飞行时机翼能产生 5～6 级的风场，有效范围可达 7～8m，一天可以授粉 40hm²。华南农业大学从 2012 年起开始探索利用多种无人驾驶直升机进行杂交水稻辅助授粉作业，而不同类型的农用无人直升机结构不同，旋翼所产生的气流到达作物冠层后形成的风场也有较大差异，对应的风速、风向和风场宽度等参数对花粉的运送效果直接影响到授粉的效果（母本结实率）、作业效率及经济效益。例如，无人驾驶油动单旋翼直升机 Z3 机型在水稻制种授粉作业时，较佳飞行作业高度为 7m，直升机顺风方向飞行时的风场宽度和风速较大，应避免逆自然风方向的飞行作业。单旋翼电动无人直升机 SCAU-2 机型最佳的作业参数为飞行速度 1.56m/s、飞机及负载质量 14.05kg 和飞行高度 1.93m；有别于单旋翼无人直升机，圆形多轴多旋翼无人直升机平行飞行方向风场只有一个峰值风速中心，垂直飞行方向风场存在两个峰值风速中心，水稻制种辅助授粉的田间作业参数依次为飞行速度 1.30m/s、飞机与负载质量 18.85kg 和飞行高度 2.40m。

三、后期展望

无人驾驶直升机具有作业高度低、无须专用起降机场、操作灵活轻便、环境适应性强、成本低、适用于大面积水稻制种辅助授粉作业等突出优点。传统的人工作业，一人一天作业 10 亩左右，而无人机平均每小时作业量可达 30 亩以上。考虑到植保无人机辅助杂交水稻的授粉效果受到不同机型所产生的风场、风速及风场宽度等参数的影响，在植保无人机作业过程中，为了提高作业效率，需要决策出较佳的飞行作业参数，包括飞行高度及作业航向等，这些理论依据都将为无人直升机辅助授粉技术的发展提供有力的保障。从长远来看，植保无人机是实现我国杂交水稻制种全程机械化的关键，也是必然选择。

单旋翼无人机在进行水稻制种授粉作业

第二节　植保无人机播撒作业技术

一、概述

目前，我国农业发展迅速，农业现代化迫切需要农业机械化及作业高效精量化。而现有农田的播种则是一项高技术、高精度的作业，且播种效果明显受各种因素的影响，对于播种方式更是提出了很高的要求。目前的人工播种包括人力式和机械式，人力式播种不但劳动强度大、效率低，且播种不均匀的现象较明显，不仅降低了播种质量，还要花费大量时间；机械式播种若取代人力式播种，则能够有效提高工作效率，但现有的机械式播种主要还局限于手持式机械播种和行走式机械播种两种形式。手持式机械播种对于提高机械效率的水平非常有限；行走式机械又存在下田困难、行进速度低下的问题，且上述两种机械式播种都存在损坏农田播种面积及农田平整度等许多难以应付的复杂田间环境问题。因此人们开始利用能够低空稳定飞行的无人飞行器实现辅助播种。这种利用能够低空稳定飞行的无人飞行器进行辅助播种的方式解决了上述人力式和机械式播种的诸多问题，如降低了劳动强度，降低了地形的影响，也避免了损坏农田平整度等。

由于季节性的要求，以及为了防止土壤板结，地面施肥机械已经不能满足农业作业的需求。目前，多旋翼无人机在施肥上的应用已有多处报道。无人机施肥不仅能够降低人工施肥的成本，而且更加安全、精准、高效。用高效省力的无人机来喷洒农药，将成为以后的发展趋势。随着数字农业的发展，变量施肥的需求越来越大。无人机施肥分为施固态肥和施液态肥，施液态肥与无人机喷药一样，这里不再赘述。

二、播种、施肥无人机的功能配置

无人机播撒是指植保无人机挂载播撒系统，把播撒箱内盛装的种子、化肥、饲料等颗粒状物料在空中静止或运动中撒出的一种应用，是近几年随着无人机喷雾应用的普及和农田管理的新需求而逐渐开发的一种新型植保应用。无人机播撒相对于无人机喷雾的优点是克服了原来喷雾物料必须是液体的限制，使其可以搭载更高浓度的农药、化肥，甚至可以应用到种子、饲料的播撒，进一步提高了打药、施肥的作业效率，且功能延伸至播种、饲养领域。

植保无人机播撒化肥作业

　　播种、施肥的无人机装备必须轻便、精准。辽宁猎鹰航空科技有限公司 2016 年发明了一种施固体肥料的末端装置，如下图所示。该装置包括无人机的药箱和横杆式起落架，药箱设有开口向下的圆柱形出料口，出料口的下方设有播撒部。播撒部包括连接在出料口下方的接料漏斗，接料漏斗下方固定连接具有凹陷部分的旋转托盘，接料漏斗内部设有若干层带有漏料孔的隔板，接料漏斗的内部空腔与旋转托盘的底部连通；播撒部连接带动其转动的电机。该装置能够将固体肥料放置在药箱内，通过旋转托盘的转动将肥料抛洒出去，作业效率高，弥补了现有的无人机只能够喷洒液体的缺陷，使得无人机的多用性得到了提高；环境适应能力强，脱离了地形的束缚，适合各种作业环境；结构简单，易于维护，能够方便地进行功能转换，降低了成本。

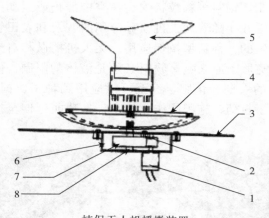

植保无人机播撒装置

1. 电机　2. 小齿轮　3. 固定板　4. 旋转托盘
5. 盛料箱　6. 保护罩　7. 大齿轮　8. 转轴

植保无人机播撒

　　植保无人机播撒系统同样由无人机飞行平台与播撒系统组成。其中，无人机飞行平台完全可以沿用喷雾无人机的飞行平台，不同的是它挂载的喷雾系统改为播撒系统。无人机播撒系统主要由盛料箱和播撒器组成。

插拔式盛料箱　　　　　　　　　固定式盛料箱

播撒器外观图　　　　　　　　　播撒器透视图

　　料箱用于容纳种子、化肥、饲料等物料，其底部设置有通孔，用于连接播撒器，向播撒器输料；播撒器通过特定接口（常见为螺口或卡口）与料箱底部通孔连接。播撒器主要工作装置为一个无刷电机和一个导料盘，无刷电机启停与转速受飞控控制，以实现开关及改变播撒速率功能。工作时，无刷电机带动导料盘高速旋转，使送入导料盘内的颗粒状物料产生离心力，物料在离心力作用下通过导料盘上的螺旋形导料小槽向四周飞出。

　　无人机播撒相比传统撒肥播种在效率、均匀性、环保、劳动强度等方面都有着绝对的优势，最近几年得到了广泛推广应用。

第八章 植保无人机作业技术要领

第一节 植保无人机作业前准备

一、起飞场地的选取

1. 起飞场地的要求

植保无人机作业场景预留起飞场地受限，多为田间道路或田埂。选取能满足无人机起飞要求的场地是非常重要的。主要考虑五个方面：起飞的朝向、长度、宽度、平整度及周围障碍物。不同种类和型号的飞机对这五个方面的要求也不同，要根据飞机的性能特点进行把握。比如对面有一面墙或者一棵树，那就要事先做好避障规划，或者直接背对障碍物起飞，避免因不必要的碰撞造成无人机的损坏。

2. 起飞场地实地勘察与选取

根据不同飞机对起飞场地的要求，有目的地进行实地勘察。当田地作业地块太小或不规则不能满足起飞要求时，应在附近地势较高或者相对空旷的场地起飞。

3. 起飞场地清整

起飞场地清整内容包括起飞地块上较大石块、土块、树枝及杂物的清除，更应该注意附近的树梢对无人机旋翼的剐蹭。一个小小的树梢就有可能折损旋翼甚至摆倒无人机。

4. 起飞安全区域

无人机起飞区域必须绝对安全，国家对空域是有限开放的。2014 年，由国务院、中央军委空中交通管制委员会组织召开的全国低空空域管理改革工作会议确定了包括广州、海南、杭州、重庆在内的 10 个 1 000m 以下空域管理改革试点。无人机的起飞区域必须严格遵守国家规定的相关法令，除了遵守 1 000m 以下空域管理规定外，还应根据无人机的起降方式，寻找并选取适合的起降场地，起飞场地应满足以下要求。

（1）距离军用、商用机场须在 10km 以上。

（2）起飞场地相对平坦、通视良好。

（3）远离人口密集区，半径 200m 范围内不能有高压线、高大建筑物、重要设施等。

（4）起飞场地地面应无明显凸起的岩石块、陡坎、树桩，也无水塘、大沟渠等。

（5）附近应无正在使用的雷达站、微波中继、无线通信等干扰源，在不能确定的情况下，应测试信号的频率和强度，如对系统设备有干扰，须改变起降场地。

（6）无人机采用滑跑起飞的，滑跑路面条件应满足其性能指标要求。

二、气象情报的收集

气象是指发生在天空中的风、云、雨、雪、霜、露、闪电、打雷等一切大气物理现象，每种现象都会对飞行产生一定影响。其中，风对飞行的影响最大，其次是温度、能见度和湿度。

1. 风

无论是飞机的起飞、着陆，还是在空中飞行，都受气象条件的影响和制约。其中，风对其造成的影响尤为突出。大风的影响就是产生药物的飘移，不仅起不到飞防植保的作用，还容易产生不必要的药害和纠纷。

2. 温度

高温下植保作业容易使勾兑过的药液产生大量蒸发，降低药效，达不到病虫草害防治的效果。

3. 湿度

湿度过高也会在一定程度上消减飞防效果。湿度是指空气中含水的程度，可以由多个量来表示空气的湿度，如绝对湿度、蒸汽压、相对湿度、比湿、露点等。用来测量湿度的仪器叫作湿度计。

4. 能见度

气象能见度，是指视力正常的人在白天正常天气条件下用肉眼观察，能够从天空背景中看到和辨认的目标物的最大水平距离；在夜间则是指中等强度的发光体能被看到和识别的最大水平距离，单位为"m"或"km"。在空气特别干净的北极或是山区，能见度能够达到 70～100km，能见度通常会因大气污染以及湿气而有所降低。植保无人机为视距内飞行作业，即飞行作业必须肉眼看得到。

第二节　植保无人机飞行前检测

为了保障无人机的飞行安全，在飞行前必须进行严格的检测，主要包括动力系统检测与调整、机械系统检测、电子系统检测和机体检查。

一、动力系统检测与调整

多旋翼电动植保无人机普遍使用的是无刷电机。无刷电机（下图）又称无刷直流电动机，由电动机主体和驱动器组成，是一种典型的机电一体化产品。无刷直流电动机是以自控式运行的，中小容量的无刷直流电动机的永磁体现在多采用稀土钕铁硼（Nd-Fe-B）材料。

无刷电机

1. 无刷电机试运行步骤

（1）首先用手指拨动桨叶，转动无刷电机，应该没有转子碰擦定子的声音。

（2）将无刷电机电缆接到控制器上。

（3）身体部位躲开螺旋桨旋转平面。

（4）将无刷电机控制器上电，遥控器最后上电。

（5）轻轻拨动加速杆，螺旋桨旋转，并逐渐升速。

（6）加速杆拨回零位，螺旋桨旋转停止。

（7）无刷电机控制器断电，遥控器最后断电。

（8）无刷电机的准备工作结束。

2. 电源的准备

无人机上所用的电池主要是锂聚合物电池，它是在锂离子电池的基础上经过改进而成的一种新型电池，具有容量大、质量轻（即能量密度大）、内阻小、输出功率大的特点。另外，由于电池外壳是塑料薄膜，因而，即便短路起火，也不会爆炸。锂聚合物电池充满电后电压 4.2V，使用中电压不得低于 3.3V，否则电池会

锂电池

损毁，这一点务必注意。无人机锂聚合物电池一般是 2 节或者 3 节串联后使用，电压 12V 左右。由于锂电池耐过充性很差，所以串联成的电池组在充电时必须对各电池独立充电，否则会造成电池永久性损坏。对锂电池组充电，必须使用专用的平衡充电器。

电池存放应注意远离热源，避免光照，定期对电池进行电压测试，当电压低于下限时，必须及时进行充电，直到充电器上显示充满信号（绿色指示灯亮）。例如，电池标称容量为 4 000mA·h，在充电完成后，在充电器仪表上显示≥3 800mA·h，则充电合格。

二、无人机机体检查

无人机机体是飞行的载体，承载着任务设备、飞控设备、动力

设备等，是整个飞行的基础。为了确保能够安全顺利地完成作业需求，无人机每次起飞前必须检查以下项目。

1. 机臂

检查并确保机臂无破损，大小臂螺旋套螺紧，折叠件螺丝紧固无松动。

2. 电机

检查并确保电机位置、转向安装正确，与机臂连接牢靠，螺丝没有松动。

3. 旋翼

检查并确保螺旋转向与电机匹配，螺旋桨边缘完整无损坏，旋翼安装稳固，螺丝无松动、脱落。

4. 喷头

检查并确保喷头朝下、无损坏、无松脱、无滴漏、无堵塞。

5. 空压软管

检查并确保空压软管与各接头连接牢固，无滴漏，无堵塞。

软管中有空气也会造成喷头堵塞，此时打开喷头上的放气阀排出空气，然后再关闭放气阀。

6. 起落架

检查并确保起落架无损坏，紧固螺丝无松动。

7. 电池

检查并确保电池安装牢固，电池电压满足作业要求。

8. 药箱

检查并确保药箱无破裂、无滴漏、药箱盖已拧紧。

9. 地面站

确保手机已经安装地面站 App 最新版本，手机有充足的电量进行作业。

10. GPS、磁罗盘、接收天线

确保磁罗盘已校准，GPS 信号良好，确保遥控接收天线无松动。

机臂未展开状态   机臂展开状态

三、植保无人机遥控器检测

1. 遥控器的功能与组成

下图为四通道比例遥控设备发射机的外形和各部分名称。在发射机面板上，有两根操纵杆分别控制 1、2 通道和 3、4 通道动作指令，另外还有与操纵杆动作相对应的 4 个微调装置。在发射机的底部设有 4 个舵机换向开关，可以用来改变舵机摇臂的偏转方向。

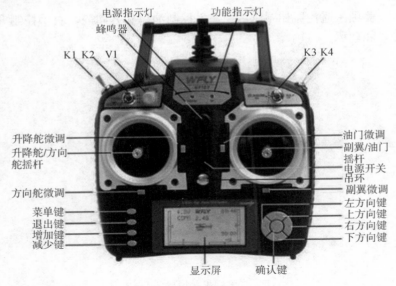

无人机四通道遥控器

2. 遥控器的常用操作方式

日本手遥控器如图所示，左手控制升降舵和方向舵，右手控制油门和副翼。

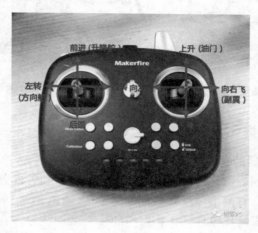

日本手遥控器

美国手遥控器如图所示，左手控制油门和方向舵，右手控制升降舵和副翼。

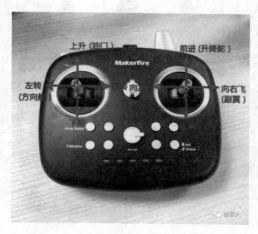

美国手遥控器

（1）遥控器对频。对频就是让接收器认识遥控器，从而能够接收遥控器发出的信号。通常情况下，套装的遥控器在出厂之前就已经完成了对频，可以直接使用。如果需要手动对频，请参照相应的遥控器说明书来进行，以下仅以较为常用的某型遥控器为例进行对频操作的简要介绍。

①将发射机和接收机的距离保持在 50cm 以内，打开发射机的电源。

②在遥控器关联菜单下面打开系统界面按照菜单进行设置。

（2）遥控器拉距试验。无人机拉距试验的目的是对遥控系统的作用距离进行外场测试。每次拉距时，接收机天线和发射机天线的位置必须是相对固定的。拉距的原则是要让接收机在输入信号比较弱的情况下也能正常工作，这样才可以认为遥控系统是可靠的。具体的方法是将接收机天线水平放置，指向发射机位置，而发射机天线也同时指向接收机位置。由于电磁波辐射的方向性，此时接收机天线所指向的方向，正是场强最弱的区域。

新的遥控设备进行拉距试验时，应先拉出一节天线，记下最大的可靠控制距离，作为以后例行检查的依据。然后再将天线整个拉出，并逐渐加大遥控距离，直到出现跳舵。当天线只拉出一节时，遥控设备应在 30～50m 的距离上工作正常。而当天线全部拉出时，应在 500m 左右的距离上工作正常。

第三节　植保无人机农药喷洒要领

近年来，随着我国无人机技术的日益成熟，植保无人机农药喷洒逐渐为广大农业种植用户所认识和接受，植保无人机作业量日益增长，应用的农作物范围也越来越广。植保无人机在地面喷杆喷雾机难以进地作业的地区具有广阔发展应用前景。与传统人力背负喷雾作业相比，植保无人机用于低空低量施药作业具有作业效率高、劳动强度小等优点，经测算可达传统人工喷雾效率的 100 倍之高；与有人驾驶大型航空飞机施药相比成本大大降低，并能够满足高效农业经济发展的需求，特别是对于水稻、中后期玉米以及丘陵中种植的农经作物等地面机械难以进地进行农药喷雾作业的情况尤为适用。目前，我国研发了多种适合于不同地区小农户的植保无人机，以应对日益严峻的病虫害防治任务；同时，采用植保无人机进行农药喷洒，人机分离、人药分离、高效安全，能实现生长期全程植保机械化喷雾作业。

从喷洒效果上看，无人机具有以下优点：

（1）具有直升机的高效作业性能和良好喷洒效果。

（2）植保无人机速度变化灵活，可以从零直接加速到正常速度，低速条件下作业有较好的雾滴覆盖，特别是旋翼产生的下旋气流，可减少雾粒的飘散，同时，由螺旋桨高速旋转产生的下旋气流及反射上升气流可使农药雾滴直接沉积到植物叶片的正反面。

（3）植保无人机空中悬停的功能使其具有单株喷洒能力。

（4）采用流量计反馈与定速定高定距飞行后，可计算并控制执行每亩施药量，实现精准药量。

另外，随着 GPS、RTK 等卫星定位、电量反馈、雷达测距等技术在植保机上的应用，现在的植保无人机普遍具有一键返航、失控返航、低电返航、智能避障等功能，使得植保无人机作业的安全性能大大提高，使其更具有实用性。

一、植保无人机的系统组成

喷雾无人机，主要由无人机飞行平台及喷雾系统两大部分组成。

1. 无人机飞行平台

无人机的主要功能是携重飞行，根据挂载药液的重量（习惯上常折算为药箱容积）分为不同量级的飞行平台，目前国内常见的有 10L、16L、20L、22L、25L、30L、35L、40L 等系列无人机平台，以适应不同应用场景、不同价位的市场要求。根据动力来源不同，无人机又可分为油动无人机、电动无人机。油动无人机因其结构复杂、自重大不易搬运、操作维护相对复杂、运维成本高等缺点，目前在市场上应用较少；其优点是可以实现较大载重或者提供较长时间续航，适用于有特定需求的场景。电动无人机因其结构简单、轻小易于运输、运维成本较低等优点，是目前喷雾无人机的市场主流。从无人机飞行平台的结构上，又可分为直升机（单轴）、多旋翼（多轴）无人机、固定翼无人机。同样，多旋翼无人机因在结构、成本、操作简单、易于运维、价格低廉等方面的优势，成为目前植保市场上应用最为广泛的无人机平台。因此下文未特别提到的，均指电动多旋翼无人机。

2. 喷雾系统

植保无人机的喷雾系统主要由药箱、雾化装置（喷杆与喷头）、液泵及其附件（稳压调压装置）等部分组成，农药药液在液泵的压力作用下从药箱通过管路到达喷头，在喷头处经液力式喷头或离心式喷头雾化后喷洒到靶标作物上。植保无人机喷雾系统结构见示意图。

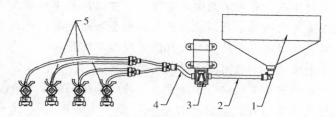

植保无人机喷雾系统结构示意图

1. 药箱　2. 水泵与药连接管（通常橡胶软管）　3. 液泵　4. 出水管　5. 喷头。

二、电动多旋翼植保无人机的使用操作

由于市场上无人机厂牌、机型众多，不同无人机在操作使用方式上可能略有不同，不过因为目前喷雾无人机的主要功能、结构、原理都是一致的，所以操作上的不同大多体现在地面站软件的界面与菜单上以及遥控器通道分配上。当能熟练操作任一款无人机后，对于其他不同机型只要稍作适应即可正常操作。

下文以泽达智能 3WZD-16 型无人机为例简述植保无人机的使

用操作方法。其他机型可参考产品使用手册，稍加熟悉即可。

1. 起飞与降落

注意事项：

- 如果飞行过程中突然出现障碍物或者有突发情况时，可手动干预无人机避开障碍物或者切换到手动作业模式让无人机悬停，并在空中等待下一步指令。
- 降落点空间较小时操作员需密切观察无人机降落的状态，如果因为 GPS 定位误差导致无人机不能准确降落或者降落点有障碍物时，需要操作人员控制无人机到安全地点再降落，落地后要及时上锁。
- 无人机每次降落后必须及时上锁，避免误操作导致无人机再次起飞，需养成一个习惯。
- 当电池电压低于二级报警电压时会报警并悬停，并记录断点。
- 当拨动自动返航开关后，飞机会先上升到预设返航高度，然后返回起飞点。如果不想回到起飞点，可以拨动飞行模式开关切换或者再次拨动自动返航开关无人机会打断返航，进入手动作业模式此时可以手动控制飞机降落到指定位置。
- 产生断点之后才能用断点续航的功能。
- 飞行过程中需要通过"喷洒开关"按钮来控制是否喷药。
- 从起飞点飞到第 1 个航点时，再打开"喷洒开关"，无人机返航时应及时关闭喷洒系统。

（1）起飞。

①作业前把过滤了的药液缓慢加入药箱，注意不要溅到飞机与操作人员以避免腐蚀伤害。

②解锁无人机（解锁方法参考遥控器一节），解锁后电机会以怠速转动。

③如果是手动作业模式，轻推油门，无人机会在原位置上升，松开油门后飞机会悬停在空中。起飞时一次推油门使无人机离地 1m 以上，以免侧倾。

④如果是执行航线作业，在执行后，无人机会自动起飞到预设

高度并飞往预设航线的起始点。

⑤手动作业或 AB 点作业时，当无人机飞到需要喷洒的第一个航点后，触按水泵开关，打开水泵。在航线作业时，无须手动开泵，无人机会根据设定的亩喷量自动控制水泵。

⑥飞行过程中需要加药、换电池时，可以通过"返航降落"到起飞点换电池加药，也可以通过手动控制将无人机降落在最近的降落点，然后通过"断点续航"功能以最短时间、最短距离继续航线作业。

⑦当无人机飞到最后一个航点后，单击"喷洒开关"按钮，关闭喷洒系统（航线作业完成会自动关闭）。

⑧航线作业完成后，无人机将自动升高至返航高度（默认20m），并自动返航至起飞点降落。

⑨在手动作业模式下，无人机降落后油门在最低位保持 3s 后自动加锁。在自动返航功能下飞机返航落地后会自动加锁，无须人工干预。

（2）降落停止。在航线作业模式下，无人机完成航线作业后会自动返回起飞点降落。在手动控制模式下，需要操作人员操控无人机飞至降落位置，收小油门，让无人机缓慢降落。降落的过程中可同时调整水平位置，以确保无人机降落在安全地点，落地后需保持油门最低位 3s，直到电机完全停转后，无人机处于加锁状态。

注意事项：

■　在手动模式下，无人机落地后不可立即松开油门，否则无人机可能再次起飞或者侧翻，应该用正确的上锁动作加锁。电机完全停转后，表示无人机已经加锁。

■　无论是"手动降落"还是"返航降落"，当无人机落地后，一定要等所有电机完全停转，且无人机加锁后，方可接近无人机，以确保人员安全。

■　如果降落点场地比较小，需要及时调整无人机水平位置直到位于正确的降落点再行降落。

2. 手动作业

手动作业模式，又称 GPS 模式，飞行过程中 IMU、GPS、磁罗盘与气压计参与工作。当选配了仿地模块时该模式有仿地功能。

手动作业的步骤如下：

①在完成起飞前各项检查、做好作业前准备后，打开遥控器开关，给无人机上电，并可靠连接手机 App 地面站。

②遥控器飞行模式开关拨至第一档位姿态模式（最上面），观察地面站 GPS 状态及星数，当地面站左上角显示"可正常飞行（GPS）"时，解锁飞机。

③解锁后飞行模式调至手动作业模式（第 5 通道开关拨至第二档位）。

④向上推动油门杆起飞，控制无人机进入作业地块后，打开水泵开关。

⑤对目标地块进行手动喷洒作业。

⑥如遇低电、断药悬停后，可通过遥控器切换飞行模式（切换至姿态模式）取回控制权，操控无人机返回预定降落点，更换电池或者补充药液。

⑦作业完成后可手动操控无人机返回预定降落点，也可以通过一键返航返回起飞点。

3. AB 点作业

AB 点作业模式，即 AB 执行，飞行过程中 IMU、GPS、磁罗盘与气压计参与工作。

进入 AB 点作业模式后，通过用户设置的 AB 点进行 U 型作业。

AB 点作业适用于平坦没有障碍物的长方形地块。

（1）参数设置。AB 点作业的主要参数有行间距、航线速度、转弯模式，都可以在地面站 App 里进行设定和调整。

在 App 主界面点击右上角"…"标志进入设置界面。

在设置界面依次点选"参数设置""飞行参数"，进入飞行参数界面。

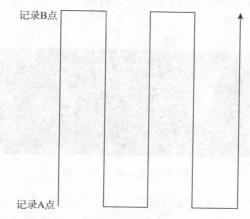

AB 点作业航线示意

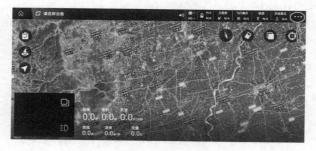

App 界面进入参数设置

App 参数设置界面

　　在 AB 点作业模式选项下，在"行间距"与"航线速度"设置栏里填入预定数字。

AB 点作业参数设置界面

　　在下面的"U 型转弯"里选择是否开启 U 型转弯。U 型转弯开启后，飞机在 AB 点作业中换行转弯时会以弧线代替直角，并减少换行时间，建议开启。

U 型转弯开关界面

　　（2）作业步骤。

　　步骤一：启动无人机。在姿态模式下解锁并起飞无人机，方法同手动作业模式。

　　步骤二：清除 AB 点。来回快速拨动 AB 点记录通道（第八通道），LED 灯红绿黄交替快闪即为清除成功。如果想飞往断药点，请跳过此步骤。

　　步骤三：切换到 AB 作业模式。遥控器切换第五通道模式，开关拨至 AB 点作业模式位置。

　　步骤四：记录 A 点。在 AB 点作业模式下悬停，拨 AB 记录控制杆到第二档位。完成记录后，LED灯闪黄灯2秒。

步骤五：记录B点。在AB点作业模式下悬停，拨AB记录控制杆到第三档位。完成记录后，LED灯闪绿灯2秒。

步骤六：选择方向。拨横滚杆选择方向，往左拨横滚杆则左移，往右拨横滚杆则右移。执行该步骤的前提是已刷新上次记录的AB点，否则将按上次的AB点作业跳过该步骤继续执行。

步骤七：断点续喷。在未清除AB点记录的前提下，切换到AB点作业模式，将会继续上个架次的断药点和方向继续作业。

注意：AB点作业过程中可以通过遥控器摇杆指令手动干预飞机姿态，使飞机临时执行手动飞行，一旦撤出干预（松开摇杆），飞机会按原AB点设定继续AB点作业。

4. 航线作业

航线作业，又称作自主飞行、自动作业，飞行过程中IMU、GPS、磁罗盘与气压计参与工作。航线作业需要在作业前先规划地块。

航线规划作业适用于平坦、开阔、面积大、有较少障碍物的地块。

（1）参数设置。航线作业主要参数有行间距、航线速度、转弯模式、亩用量，都可以在地面站App里进行设定和调整。

（2）规划地块。

①用OTG线连接打点器与地面站手机。打开飞防管家地面站软件，进入规划地块。（注：在规划地块过程中遥控器和无人机不需要开机和上电）。

②连接设备选择"打点器"。连接成功后点击右下角"添加地块"，选择第一项"手持GPS（RTK）打点器"。

③输入地块名称（自行设定，起区分作用）后点确定进入打点界面。移动GPS打点器到地块的特征边界点（如角点、拐点）后点击"边界点"直至边界点连成的区域与预定作业的区域完全重合。

④移动GPS打点器定位到障碍物位置，添加障碍点（有多边

形与圆形两种，可根据实际情况选择）。

⑤参考点指作业完毕后飞机返回后降落点的位置，可根据实际情况设定或者不设。当不设定参考点时，飞机作业完成后会返回起飞点并降落。

⑥确定地块及障碍点都设置正确后，保存地块，在"我的地块"里点击查看到刚打好的地块，再次确认无误后，点击右下角"任务分配"，确定后任务分配成功。

（3）航线执行。

①地块规划完成后退出"规划地块"返回主界面。进入"执行作业"界面，在左侧作业任务栏查看待作业任务，找到刚才分配的任务项，点开就进入到任务详情界面。

②在执行作业前，可以根据实际情况调整航线。

③确认航线无误后，可以打开遥控器，给飞机上电，可靠连接地面站。

④在执行作业前，先在飞行参数设置项里查看以下几项设置是否是预定值，如航线速度、作业完成后动作（返航或悬停）、航向模式，必要时做出调整，以便对作业过程及作业完毕后有充分应对准备。

⑤航线设定及相关飞行参数确认后，即可点击执行作业开始航线作业。（注：若飞机起飞前执行，飞机会自动起飞；也可以手动起飞后执行，执行后从手动模式转为航线模式）。

⑥航线作业过程中，如遇低电、断药悬停，或者在作业中需要应急中断作业时，可通过遥控器切换飞行模式（GPS 切换到姿态，再切换到 GPS）取回控制权，操控无人机返回预定降落点，更换电池或者补充药液，此时可通过地面站的"是否继续作业"提示选择继续作业，则飞机会返回断药点继续执行航线任务。

⑦航线任务执行完毕后，如若预设为"作业完成后返航"，则飞机会自动返回起飞点（若设有"参考点"则会返回参考点）。如果预设为"作业完成后悬停"，则飞机处于悬停状态，需要通过切换飞行模式（GPS 切换到姿态，再切换到 GPS）取回控制权，然

后手动控制飞机返回预定降落点。

⑧作业完成。

注意事项：

避开障碍物规划：

■ 可用打点器或无人机空飞采集边界点，并注意控制避开障碍物。

■ 如果飞行过程中突然出现障碍物或者有突发情况时，可通过遥控器操纵杆操控无人机以避开障碍物，或者通过切换飞行模式按键让无人机悬停在空中等待下一步指令。

规划起降点：

■ 起降点要求：选择半径大于5m的平整空旷区域。

■ 目前"返航降落"功能默认起飞点为降落点。

■ 当作业田块较大且无人机需要中途加药换电池时，可以通过"手动控制""断点续航""原地降落"功能改变起降点，手动控制将无人机降落在最近的降落点，通过断点续航功能以最短时间、最短距离继续完成航线作业。

作业航线：

■ 规划航线时，通常情况下方形地块建议设置4个边界点，不规则田地应依据作业田地实际情况设置边界点。

■ 作业对象不同，喷洒高度不同，喷洒高度不能超过悬停高度。

■ 最大作业飞行速度（7m/s，高度不超过3m；喷洒间距不超过6m）。

■ 可以通过调整航向角、行间距来调整航线。

第四节　植保无人机的检查与维护保养

一、日常维护

（1）作业前，要检查药箱喷洒系统是否漏水，以及旋翼及机身其他部位的固定螺丝是否有松动。

（2）电机需要用清水冲洗，切不可用尖锐物品接触电机内部铜线。

（3）每次使用完毕后请用清水将药箱、水泵、喷头清洗干净。

（4）每次使用完毕后请用清水将飞机上的桨、电机、机架清洗一下（切记勿将水洒到电源接插头及其他电子元件上）。

（5）每次使用后请仔细检查飞机上使用的桨是否有裂纹和断折迹象，以及所使用的电池表面有无孔洞和被尖锐东西刺穿的现象，破损的电池容易引起燃烧，损毁农用多旋翼农用机。

（6）使用完毕之后将整机放在不易碰撞的地方保管。

二、定期维护

（1）使用期间每隔一周要仔细检查各个部件以及配件是否完好，尤其是检查飞机上使用的桨是否有裂纹和折断迹象以及所使用的电池表面是否有孔洞和被尖锐的东西刺穿的现象。

（2）使用期间每隔一周要仔细检查地面站是否完好并能正常使用。

（3）使用前和使用期间（每隔一周）仔细检查无人机机体是否松动，连接部分是否牢固，螺丝是否紧固，尤其是电机及旋翼是否松动。

三、锂电池的维护保养

（1）智能锂电池在放置72h以后，会自动进入放电模式，以降低电压适应长期存放；长期不使用时，锂电池单片电芯电压需要保持在3.8V，且放置在阴凉通风处。蓄电池的安装、使用规则如下：

①蓄电池使用前，请先检查外包装箱有无异常，然后开箱检查蓄电池的外观。

②请勿在密闭空间或有火源的场合使用蓄电池。

③请勿用乙烯薄膜类有可能引发静电的塑料遮盖电池，产生的静电有引起电池爆炸的危险。

④请勿在过低或过高的温度环境下使用电池。

⑤请勿在有可能浸水的场合安装、使用蓄电池。

⑥安装搬运电池过程中，请勿在端子处用力。

⑦在多只电池串联使用时，按电池标识"＋""－"极性依次排列，电池之间的距离不能过小，具体间距应参考厂家说明。

⑧在电池连接过程中，请戴好防护手套，使用扭矩扳手等金属工具时，请将金属工具进行绝缘包装，绝对避免扭矩扳手等金属工具两端同时接触到电池正、负端子，造成电池短路伤人。

⑨安装接插式端子的蓄电池（FP 型号）时，请不要改变端子的形状或位置。安装螺栓拧紧式蓄电池时，请用随电池配件附带的螺栓、螺母和垫圈，紧固连接线，需按说明规定的扭矩紧固。

⑩与外接设备连接之前，使设备处于断开状态，并再次检查蓄电池的连接极性是否正确，然后再将蓄电池（组）的正极连接到设备的正极，蓄电池（组）的负极连接到设备的负极，并紧固好连接线。

⑪按产品要求提供相应的充电电压。

（2）每月需要检查一次电压，如果单片电芯电压低于 3.8V 需要进行补电。定期对运行蓄电池进行如下检查或操作（检查期限请参考厂家说明）：

①电池组总电压。

②单体电池电压。

③环境温度及电池表面温度。

④电池组各部位连接线紧固状态，如有松动，对其紧固。

⑤电池外观有无异常。

⑥电池端子连接线部位是否清洁。

⑦厂家规定的其他检查事项

（3）场外作业时，不可将锂电池暴晒在太阳之下。

①切勿拆卸、改造电池。

②切勿将蓄电池投入水中或火中。

③连接电池组过程中，请戴好绝缘手套。

④切勿在儿童能够触碰到的地方安装使用或保管蓄电池。

⑤切勿将不同品牌、不同容量、不同电压以及新旧不同的电池串联混用。

⑥电池内有硫酸，如电池受损，硫酸溅到皮肤、衣服甚至眼睛中时，请立即用大量清水清洗或去医院治疗。

（4）电池在使用过程中如遇电量不足，应及时降落更换电池，切勿造成电池过放，影响电池使用寿命。

①切勿将电池存储在潮湿、高温的地方。

②切勿将电池放置在火中，以免引起爆炸。

③切勿将电池端子短路或电池反充电。

④切勿拆开电池外壳。

⑤切勿在危险的环境下进行电池安装。

⑥如果使用者手湿，切勿触摸电池。

⑦切勿使用诸如苯或者香蕉水等溶剂清洁电池。

⑧当电池出现噪声、温度异常或者漏液时，请停止使用。

⑨不要挤压、撞击电池，否则电池会发热或起火。

⑩禁止过充电。

⑪禁止过放电。

⑫禁止正负极短路。

⑬使用指定充电器充电。

⑭厂家规定的其他注意事项。

12S 锂电池

专用充电器

四、飞机维护注意事项

（1）每隔两周对飞机进行一次维护保养。

（2）飞行任务完成后，必须立即清理飞机表面以及桨叶表面的残留药液和灰尘，防止飞机各金属连接处被农药腐蚀老化，影响飞机的飞行安全。

（3）飞行任务完成后，必须及时用清水清理药箱和喷头，防止农药残留腐蚀老化药箱和喷头。

（4）飞机维护保养期间，为了保证飞机的飞行质量和飞行安全，必须及时更换飞机老化损坏的零部件。

五、特别注意事项

（1）严禁近身起飞，飞行器起飞必须保持距离 5m 以上。

（2）严禁地面突然急推油门起飞，避免飞行器姿态出错，不可控制而撞向人群。

（3）严禁飞手外其他人员擅动遥控器，避免误操作导致意外发生。

（4）严禁任何情况下手接降落飞行器。

（5）严禁飞行器降落后，螺旋桨未停转或未自锁拿起飞行器，务必保证飞行器自锁后再行移动。

（6）所有人员必须经过专业培训，且完全熟悉产品性能，熟练掌握飞行技能方可实地作业。

第九章　植保无人机相关法律法规

第一节　植保无人机分类归属

　　根据《无人驾驶航空器飞行管理暂行条例（征求意见稿）》，植保无人机是指设计性能同时满足飞行真高不超过30m、最大飞行速度不超过50km/h、最大飞行半径不超过2 000m、最大起飞重量不超过150kg，专门用于农林牧农用作业的遥控驾驶航空器。

　　《多旋翼植保无人机系统适航要求专用条件征求意见稿》中，多旋翼植保无人机系统是指：最大起飞重量超过25kg、不超过150kg；最大速度不超过50km/h；飞行真高不超过30m；一般限于视距内飞行，清晰观察范围200m以内；植保无人机系统如有实时环境感知设备，可使操作员实时监察无人机周围环境情况，可进行超视距飞行，但最大飞行半径不超过2 000m；具备可靠的被监视能力和空域保持能力；专门用于农林牧渔等场景作业。

　　《民用无人机驾驶员管理规定》规定，植保无人机属于第Ⅴ类。担任操纵植保无人机系统并负责无人机系统运行和安全的驾驶员，应当持有按本规定颁发的具备Ⅴ分类等级的驾驶员执照，或经农业农村部等部门规定的由符合资质要求的植保无人机生产企业自主负责的植保无人机操作人员培训考核。

第二节　植保无人机操作证件

　　担任操纵植保无人机系统并负责无人机系统运行和安全的驾驶员，应当持有Ⅴ分类等级的驾驶员执照，或经由符合资质要求的植保无人机生产企业自主负责的植保无人机操作人员培训考核。同时，植保无人机驾驶员应年满 16 周岁，并且无影响无人机操作的身体缺陷。

　　未按照规定取得民用无人机驾驶员合格证或者执照驾驶民用无人机的，由民用航空管理机构处以 5 000 元以上 10 万元以下罚款。超出合格证或者执照载明范围驾驶无人机的，由民用航空管理机构暂扣合格证或者执照 6 个月以上 1 年以下，并处以 3 万元以上 20 万元以下罚款。

1. 无人机临时执照

　　《民用航空器驾驶员合格审定规则》第 61 章第 19 条规定：民航局局方可以为下列申请人颁发有效期不超过 120 天的驾驶员临时执照，临时执照在有效期内具有和正式执照同等的权利和责任。可以申领无人机临时执照的情况如下：

　　（1）已经审定合格的执照申请人，在等待颁发执照期间。

　　（2）在执照上更改姓名的申请人，在等待更改执照期间。

　　（3）因执照遗失或损坏而申请补发执照的申请人，在等待补发执照期间。

　　在出现下列情况之一时，按规定颁发的临时执照失效

　　（1）临时执照上签注的日期期满。

　　（2）收到所申请的执照。

　　（3）收到撤销临时执照的通知。

2. 执照的有效期

　　《民用航空器驾驶员合格审定规则》第 61 章第 21 条规定：

　　（1）执照持有人在执照有效期满后不得继续行使该执照所赋予的权利。

　　（2）学生驾驶员执照在颁发月份之后第 24 个日历月结束时有效期满。

　　（3）除学生驾驶员执照外，按本规则颁发的其他驾驶员执照有效期限为六年，且仅当执照持有人满足本规则和有关中国民用航空运行规章的相应训练与检查要求、并符合飞行安全记录要求时，方可行使其执照所赋予的相应权利。依据外国驾驶员执照颁发的认可

函的持有人，仅当该认可函所依据的外国驾驶员执照和体检合格证有效时，方可行使该认可函所赋予的权利。

3. 执照的更新和重新办理

《民用航空器驾驶员合格审定规则》第61章第23条规定：

（1）执照持有人应在执照有效期期满前三个月内向局方申请重新颁发执照，并出示最近一次有效的熟练检查或定期检查记录。

（2）执照在有效期内因等级或备注发生变化重新颁发时，其有效期自重新颁发之日起计算。

（3）执照过期的申请人须重新通过相应的理论及实践考试，方可申请重新颁发。

4. 执照和等级的申请与审批

（1）《民用航空器驾驶员合格审定规则》第61章第31条规定：符合本规则规定条件的申请人，应当向民航局指定管辖权的地区管理局提交申请执照或等级的申请，申请人对其申请材料实质内容的真实性负责，并按规定交纳相应的费用。在递交申请时，申请人还应当提交下述材料：

①身份证明；

②学历证明（如要求）；

③理论考试合格证明（如要求）；

④体检合格证明；

⑤原执照（如要求）；

⑥飞行经历记录本（如要求）；

⑦实践考试合格证明（如要求）；

⑧对于按照《民用航空器驾驶员合格审定规则》第61章第91条具有国家航空器驾驶员经历的人员，还应当提交具有航空经历记录的技术档案资料证明或等效文件；

⑨对于按照《民用航空器驾驶员合格审定规则》第61章93条具有境外航空器驾驶员经历的人员，还应当提交境外驾驶员执照的复印件或扫描件；

⑩因违反本规章规定受到处罚的，自处罚之日起已满三年的证明。

（2）申请的受理、审查、批准。

①对于申请材料不齐全或者不符合格式要求的，地区管理局应当在收到申请之后的 5 个工作日内一次性书面通知申请人需要补正的全部内容。逾期不通知即视为在收到申请书之日起即为受理。申请人按照地区管理局的通知提交全部补正材料的，地区管理局应当受理申请。地区管理局不予受理申请，应当书面通知申请人。

②地区管理局受理申请后，应当在 20 个工作日内对申请人的申请材料完成审查。在地区管理局对申请材料的实质内容按照本规则相应规定进行核实时，申请人应当及时回答地区管理局提出的问题。由于申请人不能及时回答问题所延误的时间不计入前述 20 个工作日的期限。

③地区管理局经审查认为申请人符合本规则相应规定的，颁发驾驶员临时执照或者学生驾驶员执照；经审查认为不符合所列条件，有权拒绝为其颁发所申请的执照，并且以不予批准通知书通知申请人。地区管理局在做出前述决定之前，应当告知申请人享有申请行政复议或者提起行政诉讼的权利。

④对于已为申请人颁发临时执照的情况，地区管理局将全部审查资料复印件或扫描件连同临时执照复印件或扫描件上报民航局飞行标准职能部门进行最终审核。民航局在接到地区管理局报送来的申请人临时执照复印件或扫描件和全部资料后，在 20 个工作日内完成最终审查，做出最终决定。如果未发现问题，将为申请人颁发正式执照；如果发现不符合本规则要求，将颁发不予批准通知书，通知地区管理局和申请人，说明不予颁发执照的原因，同时临时执照作废。民航局在做出前述决定之前，应当告知申请人享有申请行政复议或者提起行政诉讼的权利。

（3）经局方批准，申请人可以取得相应的执照或等级。批准的航空器类别、级别、型别或者其他等级由局方签注在申请人的执照上。

（4）由于飞行训练或者实践考试中所用航空器的特性，申请人不能完成规定的驾驶员操作动作，因此未能完全符合本规则规定的飞行技能要求，但符合所申请执照或者等级的所有其他要求的，局方可以向其颁发签注有相应限制的执照或者等级。

（5）所持体检合格证上有特殊限制的申请人在行使执照所赋予的权利时应受到相应限制。

（6）执照被暂扣的，暂扣期内不得申请本规则规定的任何执照和等级。

（7）执照被吊销的，自吊销之日起三年内不得申请本规则规定的任何执照和等级，再次申请时原飞行经历视为无效。

第三节　植保无人机实名认证

根据中国民航局《民用无人驾驶航空器实名制登记管理规定》要求，250g 以上无人机必须在"无人机实名登记系统"进行登记，并且在机身明显位置粘贴机身二维码。未进行登记的，其行为将被视为违反法规的非法行为，监管主管部门将按照相关规定进行处罚。民用无人机登记信息发生变化时，其所有人应当及时变更；发生遗失、被盗、报废时，应当及时申请注销。

个人民用无人机拥有者在"无人机实名登记系统"中登记的信息包括拥有者姓名、有效证件号码（如身份证号、护照号等）、移动电话和电子邮箱、产品型号、产品序号、使用目的。单位民用无人机拥有者在"无人机实名登记系统"中登记的信息包括单位名称、统一社会信用代码或者组织机构代码等、移动电话和电子邮箱、产品型号、产品序号、使用目的。

无人机实名登记系统

　　未按照规定进行民用无人机实名注册、登记从事飞行活动的，由军民航空管部门责令停止飞行。民用航空管理机构对从事轻型、小型无人机飞行活动的单位或者个人处以 2 000 元以上 2 万元以下罚款，对从事中型、大型无人机飞行活动的单位或者个人处以 5 000元以上 10 万元以下罚款。

一、个人用户实名认证操作指南

1. 用户注册

　　在浏览器中输入网址 https：//uas. caac. gov. cn，打开无人机实名登记系统页面，在页面的右上方点击"用户注册"按钮。

　　用户注册页面如下：

用户注册无人机实名登记系统时需要填写用户名（登录用户名）；设置登录密码，密码要求包含数字、英文字母和特殊符号；输入注册手机号码；输入图片验证码，点击"获取验证码"输入手机接收的验证码；选择相关单位（个人，企业，事业单位，机关单位）完成注册。

2. 用户登录

进入无人机实名登记系统首页 https：//uas. caac. gov. cn，输入用户名或手机号、密码、验证码，即可登录。

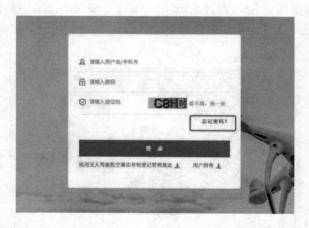

如果您忘记密码，可以点击"忘记密码"重置登录密码。
重置登录密码页面如下：

　　重置密码需要验证您注册时填写的手机号码，通过点击"获取验证码"按钮接收并输入手机验证码核验身份，依次填入新密码、确认密码完成登录密码重置操作。

　　3. 登记或注销无人机设备

　　初次登录系统后需要先完善个人信息，然后才能进行无人机设备登记操作。

系统中个人信息填写页面

无人机管理页面

　　点击"新增品牌无人机"登记购买的品牌类无人机，点击"自制无人机"登记您自己组装的无人机。

无人机在第一次注册时，会根据序号生成唯一的无人机登记标识，并且不能更改，该序号的无人机没有完成注销操作前，该序号无人机不能重复注册；在注销该序号无人机后，重新注册该序号无人机，登记标识不变。

在每一条无人机记录后都会有"注销"操作按钮，可以点击执行注销操作。

二、无人机厂商实名认证操作指南

1. 无人机厂商注册

无人机厂商需要先注册登录才能登记录入本厂商名下的无人机型号及无人机。点击用户注册后，用户类型勾选"无人机生产厂家"，完成注册。

系统中无人机厂商注册页面

2. 无人机厂商用户登录

进入无人机实名登记系统首页 https：//uas. caac. gov. cn，输入厂商用户名或手机号、密码、验证码即可登录。

如果您忘记密码，可以点击"忘记密码"重置登录密码。

重置登录密码页面如下：

系统中无人机厂商用户登录页面

重置密码需要验证您注册时填写的手机号码，通过点击"获取验证码"按钮来接收并输入手机验证码核验身份，依次填入新密码、确认密码完成登录密码重置操作。

注册成功后审核状态为待审核状态，需要尽快完善厂商资料和上传企业营业执照扫描件才能完成审核，进行无人机信息的操作。审核成功后会给您注册账号所使用的手机发送短信通知。

系统中无人机厂商用户资料显示页面

3. 无人机厂商产品信息管理

无人机产品信息均由各厂商自行维护。

登录后通过点击左侧的新增型号，录入产品信息。

录入成功后列表会显示最新的产品信息，如果某个产品信息输入错误，可以通过点击列表的"注销"按钮进行注销处理。

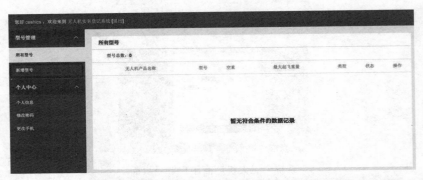

系统中无人机厂商产品信息管理页面

4. 无人机管理功能

该功能是为厂商添加自己名下的无人机而提供（特别注意不是为用户注册无人机，用户购买无人机后需要厂家引导在网页上实名登记注册）。

无人机导入功能适用于厂家名下需要实名登记注册的无人机数量巨大的情况，请按照模板要求的格式进行导入。请尽量选择手动添加无人机的方式进行无人机的登记注册。

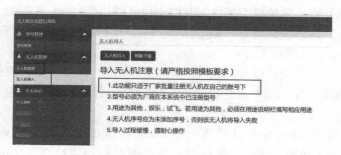

系统中无人机厂家实名登记注册页面

第四节 植保无人机禁限飞区域

根据《中华人民共和国民用航空法》《中华人民共和国飞行基本规则》《通用航空飞行管制条例》《民用航空空中交通管理规则》《军用机场净空规定》《民用机场管理条例》《民用无人驾驶航空器系统空中交通管理办法》等相关规定，植保无人机不得飞行到以下区域：

（1）军用机场净空保护区，民用机场障碍物限制面水平投影范围的上方；

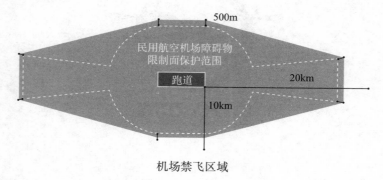

机场禁飞区域

（2）空中禁区以及周边 5 000m 范围；

（3）空中危险区以及周边 2 000m 范围；

（4）有人驾驶航空器临时起降点以及周边 2 000m 范围的上方；

（5）国界线到我方一侧 5 000m 范围的上方，边境线到我方一侧 2 000m 范围的上方；

（6）军事禁区以及周边 1 000m 范围的上方，军事管理区、设区的市级（含）以上党政机关、核电站、监管场所以及周边 200m 范围的上方；

（7）射电天文台以及周边 5 000m 范围的上方，卫星地面站（含测控、测距、接收、导航站）等需要电磁环境特殊保护的设施以及周边 2 000m 范围的上方，气象雷达站以及周边 1 000m 范围的上方；

（8）生产、储存易燃易爆危险品的大型企业和储备可燃重要物资的大型仓库、基地以及周边 150m 范围的上方，发电厂、变电站、加油站和中大型车站、码头、港口、大型活动现场以及周边 100m 范围的上方，高速铁路以及两侧 200m 范围的上方，普通铁路和国道以及两侧 100m 范围的上方；

（9）军航低空、超低空飞行空域；

（10）省级人民政府会同战区确定的管控空域。

附录1 民用无人机驾驶员管理规定

1 目的

近年来随着技术进步，民用无人驾驶航空器（以下简称无人机）的生产和应用在国内外得到了蓬勃发展，其驾驶员（业界也称操控员、操作手、飞手等，在本咨询通告中统称为驾驶员）数量持续快速增加。面对这样的情况，局方有必要在不妨碍民用无人机多元发展的前提下，加强对民用无人机驾驶员的规范管理，促进民用无人机产业的健康发展。由于民用无人机在全球范围内发展迅速，国际民航组织已经开始为无人机系统制定标准和建议措施（SARPs）、空中航行服务程序（PANS）和指导材料。这些标准和建议措施已日趋成熟，因此多个国家发布了管理规定。无论驾驶员是否位于航空器的内部或外部，无人机系统和驾驶员必须符合民航法规在相应章节中的要求。由于无人机系统中没有机载驾驶员，原有法规有关驾驶员部分章节已不能适用，本文件对相关内容进行说明。本咨询通告针对目前出现的无人机系统的驾驶员实施指导性管理，并将根据行业发展情况随时修订，最终目的是按照国际民航组织的标准建立我国完善的民用无人机驾驶员监管体系。

2 适用范围

本咨询通告用于民用无人机系统驾驶人员的资质管理。其涵盖范围包括：（1）无机载驾驶人员的无人机系统。（2）有机载驾驶人员的航空器，但该航空器可同时由外部的无人机驾驶员实施完全飞行控制。分布式操作的无人机系统或者集群，其操作者个人无须取得无人机驾驶员执照，具体管理办法另行规定。

3　定义

本咨询通告使用的术语定义：

（1）无人机（UA：Unmanned Aircraft），是由控制站管理（包括远程操纵或自主飞行）的航空器。

（2）无人机系统（UAS：Unmanned Aircraft System），是指无人机以及与其相关的遥控站（台）、任务载荷和控制 2 链路等组成的系统。

（3）无人机系统驾驶员，对无人机的运行负有必不可少职责并在飞行期间适时操纵无人机的人。

（4）等级，是指填在执照上或与执照有关并成为执照一部分的授权，说明关于此种执照的特殊条件、权利或限制。

（5）类别等级，指根据无人机产生气动力及不同运动状态依靠的不同部件或方式，将无人机进行划分并成为执照一部分的授权，说明关于此种执照的特殊条件、权利或限制。

（6）固定翼，指动力驱动的重于空气的一种无人机，其飞行升力主要由给定飞行条件下保持不变的翼面产生。在本规定中作为类别等级中的一种。

（7）直升机，是指一种重于空气的无人机，其飞行升力主要由在垂直轴上一个或多个动力驱动的旋翼产生，其运动状态改变的操纵一般通过改变旋翼桨叶倾角来实现。在本规定中作为类别等级中的一种。

（8）多旋翼，是指一种重于空气的无人机，其飞行升力主要由三个及以上动力驱动的旋翼产生，其运动状态改变的操纵一般通过改变旋翼转速来实现。在本规定中作为类别等级中的一种。

（9）垂直起降固定翼，是指一种重于空气的无人机，垂直起降时由与直升机、多旋翼类似起降方式或直接推力等方式实现，水平飞行由固定翼飞行方式实现，且垂直起降与水 3 平飞行方式可在空中自由转换。在本规定中作为类别等级中的一种。

（10）自转旋翼机，是指一种旋翼机，其旋翼仅在起动或跃升时有动力驱动，在空中平飞时靠空气的作用力推动自由旋转。这种旋翼机的推进方式通常是使用独立于旋翼系统的推进式动力装置。在本规定中作为类别等级中的一种。

（11）飞艇，是指一种有推进装置、可控制飞行的轻于够操纵的轻于空气的航空器。在本规定中作为类别等级中的一种。

（12）视距内（VLOS：Visual Line of Sight）运行，无人机在驾驶员或观测员与无人机保持直接目视视觉接触的范围内运行，且该范围为目视视距内半径不大于 500 米，人、机相对高度不大于 120 米。在本规定中作为驾驶员等级中的一种。

（13）超视距（BVLOS：Beyond VLOS）运行，无人机在目视视距以外的运行。在本规定中作为驾驶员等级中的一种。

（14）扩展视距（EVLOS：Extended V，OS）运行，无人机在目视视距以外运行，但驾驶员或者观测员借助视觉延展装置操作无人机，属于超视距运行的一种。

（15）授权教员，是指持有按本规定颁发的具有教员等级的无人机驾驶员执照，并依据其教员等级上规定的权利和限制执行教学的人员。

（16）无人机系统的机长，是指由运营人指派在系统运行时间内负责整个无人机系统运行和安全的驾驶员。

（17）无人机观测员，由运营人指定的训练有素的人员，通过目视观测无人机，协助无人机驾驶员安全实施飞行，通常由运营人管理，无证照要求。

（18）运营人，是指从事或拟从事航空器运营的个人、组织或企业。

（19）控制站（也称遥控站、地面站），无人机系统的组成部分，包括用于操纵无人机的设备。

（20）指令与控制数据链路（C2：Command and Control data

link)，是指无人机和控制站之间为飞行管理之目的的数据链接。

（21）感知与避让，是指看见、察觉或发现交通冲突或其他危险并采取适当行动的能力。

（22）无人机感知与避让系统，是指无人机机载安装用于种设备，用于其他无人机与其他航空器保持一定的安全飞行间隔，相当于载人航空器的防撞系统。在融合空域中运行的Ⅺ、Ⅻ类无人机应安装此种系统。

（23）融合其他，是指有其他有人驾驶航空器同时运行的空域。

（24）隔离空域，是指专门分配给无人机系统运行的空其他通过限制其他航空器的进入以规避碰撞风险。

（25）人口稠密区，是指城镇、乡村、繁忙道路或大型露天集会场所等区域。

（26）空机重量，是指不包含载荷和燃料的无人机重量，该重量包含燃料容器和电池等固体装置。

（27）飞行经历时间，是指为符合民用无人机驾驶员的训练和飞行时间要求，操纵无人机或在模拟机上所获得的飞行时间，这些时间应当是作为操纵无人机系统必需成员的时间，或从授权教员处接受训练或作为授权教员提供教学的时间。

（28）飞行经历记录本，是指记录飞行经历时间和相关信息的证明材料，包括纸质飞行经历记录本和由无人机云交换系统支持的电子飞行经历记录本。

（29）训练记录，是指为获取执照或等级而接受相关训练的证明材料，包括纸质训练记录和由无人机云交换系统支持的电子化训练记录。

（30）理论考试，是指航空知识理论方面的考试，该考试是颁发民用无人机驾驶员执照或等级所要求的，可以通过笔试或者计算机考试来实施。

（31）实践考试，是指为取得民用无人机驾驶员执照或者等级进行的操作方面的考试（包括实践飞行、综合问答、地面站操作），该考试通过申请人在飞行中演示操作动作及回答问题的方式进行。

（32）申请人，是指申请无人机驾驶员执照或等级的自然人。

（33）无人机云系统（简称无人机云），是指轻小民用无人机运行动态数据库系统，用于向无人机用户提供航行服务、气象服务等，对民用无人机运行数据（包括运营信息、位置、高度和速度等）进行实时监测。

（34）无人机云交换系统（无人机云数据交换平台）：是指由民航局运行，能为多个无人机云系统提供实时数据交换和共享的实时动态数据库系统。

（35）分布式操作，是指把无人机系统操作分解为多个子业务，部署在多个站点或者终端进行协同操作的模式，不要求个人具备对无人机系统的完全操作能力。

4　执照和等级

要求无人机系统分类较多，所适用空域远比有人驾驶航空器广阔，因此有必要对无人机系统驾驶员实施分类管理。

（1）下列情况下，无人机系统驾驶员自行负责，无须执照管理：

A. 在室内运行的无人机。

B. Ⅰ、Ⅱ类无人机（分类等级见第 6 条 C 款。如运行需要，驾驶员可在无人机云交换系统进行备案。备案内容应包括驾驶员真实身份信息、所使用的无人机型号，并通过在 7 线法规测试）。

C. 在人烟稀少、空旷的非人口稠密区进行试验的无人机。

（2）在隔离空域和融合空域运行的除Ⅰ、Ⅱ类以外的无人机，其驾驶员执照由局方实施管理。

A. 操纵视距内运行无人机的驾驶员，应当持有按本规定颁发的具备相应类别、分类等级的视距内等级驾驶员执照，并且在行使相应权利时随身携带该执照。

B. 操纵超视距运行无人机的驾驶员，应当持有按本规定颁发的具备相应类别、分类等级的有效超视距等级的驾驶员执照，并且在行使相应权利时随身携带该执照。

C. 教员等级

1) 按本规则颁发的相应类别、分类等级的具备教员等级的驾驶员执照持有人，行使教员权利应当随身携带该执照。

2) 未具备教员等级的驾驶员执照持有人不得从事下列活动：

i) 向准备获取单飞资格的人员提供训练。

ii) 签字推荐申请人获取驾驶员执照或增加等级所必需的实践考试。

iii) 签字推荐申请人参加理论考试或实践考试未通过后的补考。

iv) 签署申请人的飞行经历记录本。

v) 在飞行经历记录本上签字，授予申请人单飞权利。

D. 植保类无人机分类等级

担任操纵植保无人机系统并负责无人机系统运行和安全的驾驶员，应当持有按本规定颁发的具备Ⅴ分类等级的驾驶员执照，或经农业农村部等部门规定的由符合资质要求的植保无人机生产企业自主负责的植保无人机操作人员培训考核。

（3）自 2018 年 9 月 1 日起，民航局授权行业协会颁发的现行有效的无人机驾驶员合格证自动转换为民航局颁发的无人机驾驶员电子执照，原合格证所载明的权利一并转移至该电子执照。原 Ⅶ 分类等级（超视距运行的Ⅰ.Ⅱ类无人机）合格证载明的权利转移至 Ⅲ 分类等级电子执照。

5 无人机系统驾驶员管理

5.1 执照和等级分类

对于完成训练并考试合格，符合本规定颁发民用无人机驾驶员执照和等级条件的人员，在其驾驶员执照上签注如下信息：

A. 驾驶员等级：

1) 视距内等级

2）超视距等级

3）教员等级

B. 类别等级：

1）固定翼

2）直升机

3）多旋翼

4）垂直起降固定翼

5）自转旋翼机

6）飞艇

7）其他

C. 分类等级：

分类等级	空机重量（千克）	起飞全重（千克）
I		0＜W≤0.25
II	0.25＜W≤4	1.5＜W≤7
III	4＜W≤15	7＜W≤25
IV	15＜W≤116	25＜W≤150
V	植保类无人机	
XI	116＜W≤5700	150＜W≤5700
XII	W＞5700	

D. 型别和职位（仅适用于XI、XII分类等级）

1）无人机型别。

2）职位，包括机长、副驾驶。

注1：实际运行中，III、IV、XI类分类有交叉时，按照较高要求的一类分类。较高要求的一类分类。

注2：对于串、并列运行或者编队运行的无人机，按照总重量分类。

注3：地方政府（例如当地公安部门）对于I、II类无人机重量界限低于本表规定的，以地方政府的具体要求为准。

5.2 颁发无人机驾驶员执照与等级的条件

局方应为符合相应资格、航空知识、飞行技能和飞行经历要求的申请人颁发无人机驾驶员执照与等级。具体要求为《颁发无人机驾驶员执照与等级的条件》（附件 1）。

5.3 执照有效期及其更新

A. 按本规定颁发的驾驶员执照有效期限为两年，且仅当执照持有人满足本规定和有关中国民用航空运行规章的相应训练与检查要求、并符合飞行安全记录要求时，方可行使其执照所赋予的相应权利。

B. 执照持有人应在执照有效期期满前三个月内向局方申请重新颁发执照。对于申请人：

1）应出示在执照有效期满前 24 个日历月内，无人机云交换系统电子经历记录本上记录的 100 小时飞行经历时间证明。

2）如不满足上述飞行经历时间要求，应通过执照中任一最高驾驶员等级对应的实践考试。一最高驾驶员等级对应的实践考试。

C. 执照在有效期内因等级或备注发生变化重新颁发时，则执照有效期与最高的驾驶员等级有效期保持一致。

D. 执照过期的申请人须重新通过不同等级相应的理论及实践考试，方可申请重新颁发执照及相关等级。

5.4 教员等级更新

A. 教员等级在其颁发月份之后第 24 个日历月结束时期满。

B. 飞行教员可以在其教员等级期满前申请更新，但应当符合下列条件之一：

1）通过了以下相应教员等级的实践考试：

i）对应Ⅲ、Ⅳ分类等级的教员等级的执照持有人，如果通过了任何一个Ⅲ、Ⅳ分类等级的教员等级的实践考试，则其所持有的有效的Ⅲ、Ⅳ分类等级的教员等级均视为更新。

ⅱ）对应Ⅺ、Ⅻ分类等级的教员等级的执照持有人，如果通过了Ⅺ、Ⅻ分类等级的教员等级中任何一项的实践考试，则其教员的所有等级均视为更新，其相应Ⅺ、Ⅻ分类等级熟练检查不在有效期内的除外。

2）飞行教员在其教员等级期满前 90 天内通过相应教员等级的更新检查：

ⅰ）对应Ⅲ、Ⅳ分类等级的教员等级的执照持有人，如果通过了Ⅺ、Ⅻ分类等级的教员等级的更新检查，则其所持有的有效的Ⅲ、Ⅳ分类等级的教员等级均视为更新。

ⅱ）对应Ⅺ、Ⅻ分类等级的教员等级的执照持有人，如果通过了Ⅺ、Ⅻ分类等级的教员等级中任何一项的实践考试实践飞行科目，则其教员的所有等级均视为更新，其相应Ⅺ、Ⅻ分类等级熟练检查不在有效期内的除外。

3）按本条 B.1）进行更新的，教员等级有效期自实践考试之日起计算。

5.5　教员等级过期后的重新办理

A. 飞行教员在其教员等级过期后，应当重新通过实践考试后，局方可恢复其教员等级。

B. 当飞行教员的驾驶员执照上与教员等级相对应的等级失效时，其教员等级权利自动丧失，除非该驾驶员按本规定恢复其驾驶员执照上所有相应的等级，其中教员等级的恢复需按本规定关于颁发飞行教员等级的要求通过理论考试和实践考试。

5.6　熟练检查

对于Ⅺ、Ⅻ分类等级驾驶员应对该分类等级下的每个签注的无人机类别、型别（如适用）等级接受熟练检查，该检查每 12 个月进行一次。检查由局方指定的人员实施。

5.7　增加等级

A. 在驾驶员执照上增加等级，申请人应当符合本条 B 款至 G 款的相应条件。

B. 超视距等级可以行使相同类别及分类等级的视距内等级执照持有人的所有权利。在驾驶员执照上增加超视距等级，而类别和分类等级不变的，申请人应当符合下列规定：

1）完成了相应执照类别和分类等级要求的超视距等级训练，符合本规定附件 1 关于超视距等级的飞行经历要求。

2）由授权教员在申请人的飞行经历记录本或者训练记录上签字，证明其在相应的超视距等级的航空知识方面是合格的。

3）由授权教员在申请人的飞行经历记录本或者训练记录上签字，证明其在相应的超视距等级的飞行技能方面是合格的。

4）通过了相应的超视距等级要求的理论考试。

5）通过了相应的超视距等级要求的实践考试。

C. 在驾驶员执照上增加超视距等级的同时增加类别或分类等级的，申请人应当符合下列规定：

1）满足本条 B 款的相关飞行经历和训练要求。

2）满足本条 E 款或 F 款相应类别或分类等级的飞行经历和训练要求。

3）通过了相应的超视距等级要求的理论考试。

4）通过了相应的超视距等级要求的实践考试。

D. 教员等级可以行使相同类别及分类等级的超视距等级持有人的所有权利。在驾驶员执照上增加教员等级，或在增加教员等级的同时增加类别或分类等级的申请人应当符合下列规定：在驾驶员执照上增加教员等级，或在增加教员等级的同时增加类别或分类等级的申请人应当符合下列规定：

1）完成了相应执照类别和分类等级要求的教员等级训练，符合本规定附件 1 关于教员等级的飞行经历要求。

2）由授权教员在申请人的飞行经历记录本或者训练记录上签

字，证明其在相应的教员等级的航空知识方面是合格的。

3）由授权教员在申请人的飞行经历记录本或者训练记录上签字，证明其在相应的教员等级的飞行技能和教学技能方面是合格的。

4）通过了相应的教员等级要求的理论考试。

5）通过了相应的教员等级要求的实践考试。

E. 在驾驶员执照上增加类别等级，或在增加类别等级同时增加分类等级，申请人应当符合下列规定：

1）完成了相应驾驶员等级及其类别和分类等级要求的训练，符合本规则规定的相应驾驶员等级及其类别和分类等级的航空经历要求。

2）由授权教员在申请人的飞行经历记录本和训练记录上签字，证明其在相应驾驶员等级及其类别和分类等级的航空知识方面是合格的。

3）由授权教员在申请人的飞行经历记录本和训练记录上签字，证明其在相应驾驶员等级及其类别和分类等级的飞行技能方面是合格的。上签字，证明其在相应驾驶员等级及其类别和分类等级的飞行技能方面是合格的。

4）通过了相应驾驶员等级及其类别等级要求的理论考试。

5）通过了相应驾驶员等级及其类别和分类等级要求的实践考试。

F. 分类等级排列顺序由低到高依次为：Ⅲ、Ⅳ、Ⅺ、Ⅻ，高分类等级执照可行使低分类等级执照权利（不适用于Ⅴ分类等级）。在具备低分类等级的执照上增加高分类等级（不适用于Ⅴ分类等级），申请人应当符合下列规定：

1）完成了相应驾驶员等级及其类别和分类等级要求的训练，符合本规定关于相应驾驶员等级及其类别和分类等级的航空经历要求，相同类别低分类等级无人机驾驶员增加分类等级须具有操纵所申请分类等级无人机的飞行训练时间至少 10 小时，其中包含不少于 5 小时授权教员提供的带飞训练。

2）由授权教员在申请人的飞行经历记录本和训练记录上签字，证明其在相应驾驶员等级及其类别和分类等级的航空知识方面是合格的。

3）由授权教员在申请人的飞行经历记录本和训练记录上签字，证明其在相应驾驶员等级及其类别和分类等级的飞行技能方面是合格的。

4）通过了相应驾驶员等级及其类别和分类等级要求的实践考试。

G. 在驾驶员执照上增加 V 分类等级，申请人应当符合下列规定：

1）依据《轻小无人机运行规定（试行）》（AC-91-31），完成了由授权教员提供的驾驶员满足植保无人机要求的训练。

2）由授权教员在申请人的飞行经历记录本或者训练记录上签字，证明其在植保无人机运行相关航空知识方面是合格的。

3）由授权教员在申请人的飞行经历记录本或者训练记录上签字，证明其在植保无人机运行相关飞行技能方面是合格的。

4）由授权教员在申请人的飞行经历记录本和训练记录上签字，证明其已取得操纵相应类别 V 分类等级无人机至少 10 小时的实践飞行训练时间。

5）通过了相应类别等级植保无人机运行相关的理论考试。

5.8 执照和等级的申请与审批

A. 符合本规定相关条件的申请人，应当向局方提交申请执照或等级的申请，申请人对其申请材料实质内容的真实性负责，并按规定交纳相应的费用。

在递交申请时，申请人应当提交下述材料：

1）身份证明

2）学历证明（如要求）

3）相关无犯罪记录文件

4）理论考试合格的有效成绩单

5）原执照（如要求）

6）授权教员的资质证明

7）训练飞行活动的合法证明

8）飞行经历记录本

9）实践考试合格证明

B. 对于申请材料不齐全或者不符合格式要求的，局方在收到申请之后的 5 个工作日内一次性书面通知申请人需要补正的全部内容。逾期不通知即视为在收到申请书之日起即为受理。申请人按照局方的通知提交全部补正材料的，局方应当受理申请。局方不予受理申请，应当书面通知申请人。局方受理申请后，应当在 20 个工作日内对申请人的申请材料完成审查。在局方对申请材料的实质内容按照本规定进行核实时，申请人应当及时回答局方提出的问题。由于申请人不能及时回答问题所延误的时间不记入前述 20 个工作日的期限。对于申请材料及流程符合局方要求的，局方应于 20 个工作日内受理，并在受理后 20 个工作日内完成最终审查作出批准或不批准的最终决定。

C. 经局方批准，申请人可以取得相应的执照或等级。批准的无人机类别、分类等级或者其他备注由局方签注在申请人的执照上。

D. 由于飞行训练或者实践考试中所用无人机的特性，申请人不能完成规定的驾驶员操作动作，因此未能完全符合本规定相关飞行技能要求，但符合所申请执照或者等级的所有其他要求的，局方可以向其颁发签注有相应限制的执照或者等级。

5.9　飞行经历记录

申请人应于申请考试前提供满足执照或等级所要求的飞行经历证明。截止至 2018 年 12 月 31 日，局方接受由申请人与授权教员自行填写的飞行经历信息。自 2019 年 1 月 1 日起，申请人训练经历数据应接入无人机云交换系统，以满足申请执照或等级对飞行经历中带飞时间及单飞时间的要求。飞行经历记录填写规范参考《民用无人机驾驶员飞行经历记录填写规范》（附件 2）。

5.10 考试一般程序

按本规定进行的各项考试，应当由局方指定人员主持，并在指定的时间和地点进行。

A. 理论考试的通过成绩由局方确定，理论考试的实施程序参考《民用无人机驾驶员理论考试一般规定》（附件 3）。

B. 局方指定的考试员按照《民用无人机驾驶员实践考试一般规定》（附件试一般规定）《附件试一般规定》《附件试一般规定》《附件试一般规定》《附件试一般规定》（附件

C. 局方依据《民用无人机驾驶员实践考试委任代表管理办法》（附件 6）委任与管理实施实践考试的考试员。

D. 局方依据《民用无人机驾驶员考试点管理办法》（附件 7）对理论及实践考试的考试点实施评估和清单制管理。

5.11 受到刑事处罚后执照的处理

本规定执照持有人受到刑事处罚期间，不得行使所持执照赋予的权利。

6 修订说明

2015 年 12 月 29 日，飞行标准司出台了《轻小无人机运行规定（试行）（ AC-91-FS-2015-31)》，结合运行规定，为了进一步规范无人机驾驶员管理，对原《民用无人驾驶航空器系统驾驶员管理暂行规定（AC-61-FS-2013-20)》进行了第一次修订。修订的主要内容包括重新调整无人机分类和定义，新增管理机构管理备案制度，取消部分运行要求。

为进一步规范无人机驾驶员执照管理，在总结前期授权符合资质的行业协会对部分无人机驾驶员证照实施管理的创新监管模式经验的基础上，对原《民用无人机驾驶员管理规定（AC-61-FS-2016-

20R1)》进行了第二次修订。修订的主要内容包括调整监管模式，完善由局方全面直接负责执照颁发的相关配套制度和标准，细化执照和等级颁发要求和程序，明确由行业协会颁发的原合格证转换为局方颁发的执照的原则和方法。颁发的相关配套制度和标准，细化执照和等级颁发要求和程序，明确由行业协会颁发的原合格证转换为局方颁发的执照的原则和方法。

7 咨询通告施行

本咨询通告自发布之日起生效，2016 年 7 月 11 日发布的《民用无人机驾驶员管理规定》（AC-61-FS-2016-20 R1）同时废止。

附件（本书略）：

1.《颁发无人机驾驶员执照与等级的条件》

2.《民用无人机驾驶员飞行经历记录本填写规范》

3.《民用无人机驾驶员理论考试一般规定》

4.《民用无人机驾驶员实践考试一般规定》

5.《民用无人机驾驶员实践考试标准》

6.《民用无人机驾驶员实践考试委任代表管理办法》

7.《民用无人机驾驶员考试点管理办法》

附录 2　植保无人飞机质量评价技术规范

1　范围

本标准规定了植保无人飞机的型号编制规则、基本要求、质量要求、检测方法和检验规则。

本标准适用于植保无人飞机的质量评定。

2　规范性引用文件

下列文件对于本文件的应用是必不可少的。凡是注日期的引用文件，仅注日期的版本适用于本文件。凡是不注日期的引用文件，其最新版本（包括所有的修改单）适用于本文件。

GB/T 2828.11—2008　计数抽样检验程序　第 11 部分：小总体声称质量水平的评定程序

GB/T 5262　农业机械试验条件　测定方法的一般规定

GB/T 9254　信息技术设备的无线电骚扰限值和测量方法

GB/T 9480　农林拖拉机和机械、草坪和园艺动力机械　使用说明书编写规则

GB 10396　农林拖拉机和机械、草坪和园艺动力机械 安全标志和危险图形总则

GB/T 17626.3　电磁兼容　试验和测量技术　射频电磁场辐射抗扰度试验

GB/T 18678　植物保护机械　农业喷雾机（器）药液箱额定容量和加液孔直径

JB/T 9782—2014 植物保护机械 通用试验方法

3 术语和定义

下列术语和定义适用于本文件。

3.1 旋翼无人飞机 unmanned rotor aircraft

由旋翼、机体、动力装置、机载电子电气设备等组成，由无线电遥控或自身程序控制的飞行装置。

3.2 植保无人飞机 crop protection UAS

配备农药喷洒系统，用于植保作业的旋翼无人飞机。

3.3 飞行控制系统 flight control system

对植保无人飞机的航迹、姿态、速度等参数进行单项或多项控制的系统。

3.4 地面控制端 ground control station

由中央处理器、通讯系统、监测显示系统、遥控系统等组成，对接收到的植保无人飞机的各种参数进行分析处理，并能对植保无人飞机的航迹进行修改和操控的系统。

3.5 作业控制模式 application control mode

植保无人飞机进行作业所采取的飞行控制方式，分为手动控制模式和自主控制模式两种。

3.6 手动控制模式 manual control mode

通过人工操作遥控器控制飞行航迹和作业任务等的作业控制模式。

3.7 自主控制模式 autonomous control mode

根据预先设定的飞行参数和作业任务等进行作业的控制模式。

3.8 空机质量 net weight

不包含药液、燃料和地面设备的植保无人飞机整机质量，包含药液箱质量、油箱质量或电池等固有装置质量。

3.9 额定起飞质量 rated take-off weight

植保无人飞机能正常作业的最大质量，包含空机质量以及额定容量的药液、燃料质量。

3.10 最大起飞质量 maximum take-off weight

植保无人飞机能够起飞的最大质量，包含空机质量和最大负载的质量。

3.11 药液箱额定容量 rated tank capacity

制造商明示的且能正常作业的载药量。

3.12 作业高度 application altitude

植保无人飞机作业时机具喷头与受药面的相对距离。

3.13 单架次 single pesticide application

自起飞至返航补充药液的一次完整连续飞行作业过程。

3.14 单架次最大作业时间 single application time

植保无人飞机在额定起飞质量条件下，单架次内在田间作业的最长时间。

3.15　最大续航时间　maximum endurance

植保无人飞机在额定起飞质量条件下，自起飞至喷洒完所有药液后安全着陆，能维持的最长飞行时间。

3.16　电子围栏　electronic fence

为阻挡植保无人飞机侵入特定区域（包含机场禁空区、重点区、人口稠密区等），在相应电子地理范围中画出特定区域，并配合飞行控制系统、保障区域安全的软硬件系统。

4　型号编制规则

植保无人飞机产品型号由植保无人飞机分类代号、特征代号和主参数代号等组成，产品型号表示方法为：

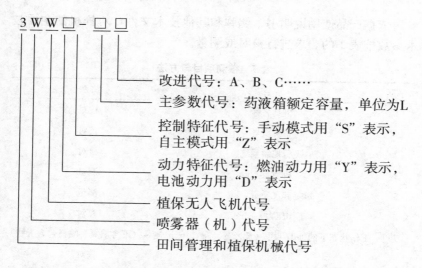

注：同时具备两种作业控制模式的植保无人飞机以自主控制模式代号表示。

示例：3WWDZ-20B 表示电动自主型植保无人飞机，药液箱额定容量为 20L，第二次改进型。

5 基本要求

5.1 质量评价所需的文件资料

对植保无人飞机进行质量评价所需文件资料应包括：

a) 产品规格确认表（见附录 A）；

b) 企业产品执行标准或产品制造验收技术条件；

c) 产品使用说明书；

d) 三包凭证；

e) 样机照片 3 张（正前方、正侧方、正前上方 45°俯视各 1 张）。

5.2 主要技术参数核对与测量

依据产品使用说明书、铭牌和其他技术文件，对样机的主要技术参数按表 1 的要求进行核对或测量。

表 1 核测项目与方法

序号	项目		方法
1	机具名称		核对
2	整机型号		核对
3	飞行控制系统		核对
4	空机质量，kg		测量
5	额定起飞质量，kg		测量
6	工作压力，MPa		核对
7	工作状态下的外型尺寸（长×宽×高），mm		测量（不含旋翼、喷杆，含天线）
8	旋翼	材质	核对
		主旋翼数量，个	核对
		直径，mm	测量

（续）

序号	项目		方法
9	药液箱	材质	核对
		额定容量，L	核对
10	喷头	型式	核对
		数量，个	核对
11	喷杆长度，mm		测量（沿喷幅方向最远喷头之间的距离）
12	液泵	型式	核对
		流量，L/min	核对
		功率，kW	核对
13	配套动力	发动机　转速，r/min	核对
		油箱容量，L	核对
		电动机　KV值，r/（min·V）	核对
		额定功率，W	核对
14	电池	电压，V	核对
		容量，mAh	核对

注：主旋翼数量不包括尾旋翼，有尾旋翼的，应注明尾旋翼数量和直径。

5.3　试验条件

5.3.1　试验介质
除特殊要求外，试验介质为常温下不含固体杂质的清水。

5.3.2　试验环境
5.3.2.1　除特殊要求外，室内外试验环境的温度应为5℃至45℃，相对湿度应为20％至95％；室外试验环境的海拔高度应为0m至800m，环境平均风速应为0m/s至3m/s，最大风速应不超过5.4m/s。

5.3.2.2　室外试验应选取空旷的露天场地，场地面积应满足植保无人飞机日常作业要求，场地表面有植被覆盖。

5.3.3 试验样机

试验样机应按使用说明书的规定，进行安装和调试，达到正常状态后，方可进行试验。

5.4 主要仪器设备

试验用仪器设备应经过计量检定或校验合格且在有效期限内。仪器设备的量程、测量准确度应不低于表 2 的规定。

表 2 主要仪器设备测量范围和准确度要求

序号	测量参数	测量范围	准确度要求
1	长度	0m～5m	1mm
		5m～200m	1cm
2	角度	0°～180°	1°
3	转速	0r/min～10 000r/min	0.5%
4	时间	0h～24h	1 s/d
5	质量	0kg～200kg	0.05kg
6	压力	0mPa～1.6mPa	0.4 级
7	风速	0m/s～10m/s	10%FS
8	温度	−20 ℃～50 ℃	1℃
9	相对湿度	0%～100%	3%
10	水平定位	0m～200m	0.1m
11	高度定位	0m～50m	0.15m

6 质量要求

6.1 一般要求

6.1.1 植保无人飞机在温度 60℃和相对湿度 95%环境条件下，进行 4h 的耐候试验后，应能正常作业。

6.1.2 植保无人飞机应能在 6m/s±0.5m/s 风速的自然环境

中正常飞行。

6.1.3　植保无人飞机在常温条件下按使用说明书规定的操作方法起动 3 次，其中成功次数应不少于 1 次。

6.1.4　植保无人飞机应具有药液和燃料（电量）剩余量显示功能，且应便于操作者观察。

6.1.5　植保无人飞机空载和满载悬停时，不应出现掉高或坠落等现象。

6.1.6　同时具备手动控制模式和自主控制模式的植保无人飞机，应能确保飞行过程中两种模式的自由切换，且切换时飞行状态应无明显变化。

6.1.7　植保无人飞机应配备飞行信息存储系统，每秒至少存储 1 次，实时记录并保存飞行作业情况。存储系统记录的内容至少应包括：植保无人飞机身份信息、位置坐标、飞行速度、飞行高度。

6.1.8　植保无人飞机应具备远程监管系统通讯功能。

6.1.9　承压软管上应有永久性标志，标明其制造商和最高允许工作压力；承压管路应能承受不小于最高工作压力 1.5 倍的压力而无渗漏。

6.1.10　药液箱总容量和加液口直径应符合 GB/T 18678 的要求。

6.1.11　正常工作时，各零部件及连接处应密封可靠，不应出现药液和其他液体泄漏现象。

6.2　性能要求

植保无人飞机主要性能指标应符合表 3 的规定。

表 3　性能指标要求

序号	项目	质量指标	对应的检测方法条款号
1	手动控制模式飞行性能	操控灵活，动作准确，飞行状态平稳	7.3.1

（续）

序号	项目		质量指标	对应的检测方法条款号
2	自主控制模式飞行精度	偏航距（水平），m	≤0.5	7.3.2
		偏航距（高度），m	≤0.5	
		速度偏差，m/s	≤0.5	
3	续航能力		最大续航时间与单架次最大作业时间之比应不小于1.2	7.3.3
4	残留液量，mL		≤30	7.3.4
5	过滤装置	过滤级数	≥2	7.3.5
		加液口过滤网网孔尺寸，mm	≤1	
		末级过滤网网孔尺寸，mm	≤0.7	
6	防滴性能		喷雾关闭5 s后每个喷头的滴漏数应不大于5滴	7.3.6
7	喷雾性能	喷雾量偏差	≤5%	7.3.7.1
		喷雾量均匀性变异系数	≤40%	7.3.7.2
8	作业喷幅		不低于企业明示值	7.3.8
9	纯作业小时生产率		不低于企业明示值	7.3.9

6.3 安全要求

6.3.1 外露的发动机、排气管等可产生高温的部件或其他对人员易产生伤害的部位，应设置防护装置，避免人手或身体触碰。

6.3.2 对操作者有危险的部位，应固定永久性的安全标识，在机具的明显位置还应有警示操作者使用安全防护用具的安全标识，安全标识应符合 GB 10396 的规定。

6.3.3 植保无人飞机空机质量应不大于 116kg，最大起飞质量应不大于 150kg。

6.3.4 植保无人飞机应具有限高、限速、限距功能。

6.3.5 植保无人飞机应配备电子围栏系统。

6.3.6 植保无人飞机对通讯链路中断、燃料（电量）不足等情形应具有报警和失效保护功能。

6.3.7 植保无人飞机应具有避障功能，至少应能识别树木、草垛和电线杆等障碍物，并避免发生碰撞。

6.3.8 植保无人飞机应具有电磁兼容能力，其通讯与控制系统辐射骚扰限值按 GB/T 9254 的规定，应满足表 4 要求；其射频电场辐射抗扰度按 GB/T 17626.3 试验方法应达到表 5 的 B 级要求。

表 4　电磁兼容-辐射骚扰限值

频率	测量值	限值 dB（μV/m）
30MHz～230MHz	准峰值	50
230MHz～1GHz	准峰值	57
1GHz～3GHz	平均值/峰值	56/76
3GHz～6GHz	平均值/峰值	60/80

表 5　电磁兼容-射频电场辐射抗扰度

等级	功能丧失或性能降低的程度	备注
A	各项功能和性能正常。	试验样品功能丧失或性能降低现象有： ①测控信号传输中断或丢失； ②对操控信号无响应或飞行控制性能降低； ③喷洒设备对操控信号无响应； ④其他功能的丧失或性能的降低。
B	未出现现象①或现象②。出现现象③或现象④，且在干扰停止后 2min（含）内自行恢复，无需操作者干预。	
C	未出现现象①或现象②。出现现象③或现象④，且在干扰停止 2min 后仍不能自行恢复，在操作者对其进行复位或重新启动操作后可恢复。	
D	出现现象①或现象②；或未出现现象①或现象②，但出现现象③或现象④，且因硬件或软件损坏、数据丢失等原因不能恢复。	

6.4　装配和外观质量

6.4.1　装配应牢固可靠，容易松脱的零部件应装有防松装置。

6.4.2　各零部件及连接处应密封可靠，不应出现药液和其他液体泄漏现象。

6.4.3　外观应整洁，不应有毛刺和明显的伤痕、变形等缺陷。

6.5　操作方便性

6.5.1　保养点设计应合理，便于操作，过滤装置应便于清洗。

6.5.2　药液箱设计应合理，加液方便，在不使用工具情况下能方便、安全排空，不污染操作者。

6.5.3　电池、旋翼和喷头等零部件应便于更换。

6.6　可靠性

植保无人飞机首次故障前作业时间应不小于 40h。

6.7　使用信息

6.7.1　使用说明书

植保无人飞机的制造商或供应商应随机提供使用说明书。使用说明书的编制应符合 GB/T 9480 的规定，至少应包括以下内容：

　a）起动和停止步骤；

　b）地面控制端介绍；

　c）安全停放步骤；

　d）运输状态机具布置；

　e）清洗、维护和保养要求；

　f）有关安全使用规则的要求；

　g）在处理农药时应当遵守农药生产厂所提供的安全说明；

　h）安装、故障处理说明；

　i）危险与危害一览表及应对措施；

　j）制造商名称、地址和电话。

6.7.2　三包凭证

植保无人飞机应有三包凭证，至少应包括以下内容：

a）产品名称、型号规格、购买日期、产品编号；

b）制造商名称、地址、电话和邮编；

c）销售者和修理者的名称、地址、电话和邮编；

d）三包项目；

e）三包有效期（包括整机三包有效期、主要部件质量保证期以及易损件和其他零部件的质量保证期，其中整机三包有效期和主要部件质量保证期不得少于一年）；

f）主要部件清单；

g）销售记录（包括销售者、销售地点、销售日期、购机发票号码）；

h）修理记录（包括送修时间、交货时间、送修故障、修理情况、换退货证明）。

i）不承担三包责任的情况说明。

6.7.3　铭牌

在植保无人飞机醒目位置应有永久性铭牌。铭牌内容应清晰可见，至少应包括以下内容：

a）型号、名称；

b）空机质量、药液箱额定容量、最大起飞质量；

c）发动机功率或电机功率和电池容量等主要技术参数；

d）产品执行标准编号；

e）生产日期和出厂编号；

f）制造商名称。

7　检测方法

7.1　试验条件测定

按照 GB/T 5262 的规定测定温度、湿度、大气压力、海拔、风速等气象条件。

7.2 一般要求试验

7.2.1 环境适应性测试

将植保无人飞机放置在温度 60℃、相对湿度 95% 的试验箱内，机体任意点与试验箱壁距离不小于 0.3m，静置 4h 后取出，在室温下再静置 1h。然后加注额定容量试验介质，按照使用说明书规定进行飞行作业，观察植保无人飞机工作是否正常。

7.2.2 抗风性能测试

植保无人飞机在额定起飞质量条件下置于风向稳定、风速为 6m/s±0.5m/s 的自然风或人工模拟风场中，操控其起飞、前飞、后飞、侧飞、转向、悬停、着陆等，观察其是否正常工作。

7.2.3 起动性能测试

试验前，植保无人飞机在室温下静置 1h。按使用说明书规定的操作方法起动，试验进行 3 次，每次间隔 2min。每次起动前，在不更换零件的条件下允许做必要的调整。

7.2.4 药液和燃料（电量）剩余量显示功能检查

检查植保无人飞机的地面控制端是否能实时显示药液箱药液剩余量、燃料（电量）剩余量、地面控制端电量剩余量。

7.2.5 悬停性能测试

注满燃油（使用满电电池），分别在空载和满载条件下，操控植保无人飞机在一定飞行高度保持悬停，直至其发出燃油（电量）不足报警后着陆，观察其飞行状态是否正常，记录起飞至着陆总时间。

7.2.6 作业控制模式切换稳定性检查

植保无人飞机在正常飞行状态下，控制其在手动控制模式和自主控制模式间进行自由切换，观察切换过程中机具的飞行姿态是否平滑，且不出现坠落、偏飞等失控现象。

7.2.7 飞行信息存储系统检查

7.2.7.1 操控植保无人飞机在测试场地内模拟田间施药飞行作业 5min 以上。

7.2.7.2 待返航着陆后，检查其是否将本次飞行数据进行了加密存储。

7.2.7.3 读取本次飞行作业过程的前 5min 的记录数据。检查加密存储数据内容是否涵盖了本次飞行的速度、高度、位置信息，是否涵盖了其制造商、型号、编号信息。

7.2.7.4 检查飞行数据的更新频率。

7.2.8 远程监管通讯功能检查

按 7.2.7 试验结束后，检查机具远程监管系统中是否有本次飞行的位置信息、飞行速度、飞行高度及操作者的身份信息。

7.2.9 承压性能测试

检查承压软管标志。管路耐压试验按 JB/T 9782—2014 中 4.10.2 规定的方法进行。

7.2.10 药液箱总容量和加液孔直径测试

7.2.10.1 向药液箱加注试验介质至溢出，测量箱内试验介质体积，即药液箱总容量。

7.2.10.2 测量药液箱加液孔直径，若配有漏斗等转接装置，则测量转接装置的加液口直径。

7.2.10.3 按 GB/T 18678 的规定检查药液箱总容量与药液箱额定容量关系及加液口直径是否满足要求。

7.2.11 密封性能测试

植保无人飞机加注额定容量试验介质，在最高工作压力下喷雾，直至耗尽试验介质，检查过程中零部件及连接处、各密封部位有无松动，是否有药液和其他液体泄漏现象。

7.3 性能试验

7.3.1 手动控制模式飞行性能测试

7.3.1.1 在额定起飞质量条件下，以手动控制模式操控植保无人飞机飞行，保持其在某高度悬停 10s，期间不允许操作遥控器，目测机具的悬停状态是否稳定。

7.3.1.2 向植保无人飞机发送单独的前飞、后飞、左移、右移控制指令，各方向飞行距离应大于 30m。目测飞行过程中植保无人飞机动作是否正确，姿态、高度、速度是否出现波动。

7.3.2 自主控制模式飞行精度测试

7.3.2.1 在试验场地内预设飞行航线，航线长度不小于120m，航线高度不大于5m，飞行速度为3m/s至5m/s。

7.3.2.2 在额定起飞质量条件下，操控植保无人飞机以自主控制模式沿航线飞行，同时以不大于0.1s的时间间隔对植保无人飞机空间位置进行连续测量和记录（测量设备可参考附录B：航迹数字化测量系统），如图1所示。重复3次。

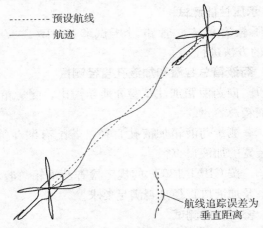

图1 自主控制模式飞行精度测试方法

7.3.2.3 将记录的航迹经纬度坐标按cgcs2000的格式进行直角坐标转换；植保无人飞机的空间位置坐标记为 $(x_i,\ y_i,\ z_i)$，$i=0,\ 1,\ 2,\ \cdots,\ n$，其中 $i=0$ 时为飞行过程中剔除加速区间段的稳定区开始位置，$i=n$ 时为飞行过程中剔除减速区间段的稳定区终止位置。

7.3.2.4 整条航线的平面位置坐标记为 $ax+by+c=0$，a、b、c系数依据航线方向和位置而定，按公式（1）～（3）分别计算偏航距（水平）Li、偏航距（高度）Hi和速度偏差Vi，测量值应为测量区间内计算的最大值。

$$L_i = \frac{\mid ax_1 + by_i + c \mid}{\sqrt{a^2 + b^2}} \quad (i = 0, 1, 2, \cdots, n) \quad \cdots\cdots (1)$$

式中：

L_i——偏航距（水平），单位为米（m）；

x_i——采集航迹点位置的东西方向坐标值，单位为米（m）；

y_i——采集航迹点位置的南北方向坐标值，单位为米（m）。

$$H_i = \mid z_i - z_{set} \mid \quad (i = 0, 1, 2, \cdots, n) \quad \cdots\cdots (2)$$

式中：

H_i——偏航距（高度），单位为米（m）；

z_i——采集航迹点位置的高度坐标值，单位为米（m）；

z_{set}——预设航线的高度坐标值，单位为米（m）。

$$V_i = \mid v_i - v_{set} \mid \quad (i = 0, 1, 2, \cdots, n) \quad \cdots\cdots (3)$$

式中：

V_i——速度偏差，单位为米每秒（m/s）；

v_i——采集航迹点位置的飞行速度，单位为米每秒（m/s）；

v_{set}——预设的飞行速度，单位为米每秒（m/s）。

7.3.3　续航能力测试

注满燃油（使用满电电池），加入额定容量的试验介质。操控植保无人飞机在测试场地内以 3m/s 飞行速度、3m 飞行高度及制造商明示喷药量的最小值模拟田间施药，在其发出药液耗尽的提示信息后，选取离起飞点较近的合适位置，保持机具悬停，直至其发出燃油（电量）不足报警后着陆，记录单架次最大作业时间为 t1、起飞至着陆总时间 t2。计算 t2/t1 数值，重复 3 次，取最小值。

7.3.4　残留液量测试

按 7.3.3 试验结束后，测量残留液量。

7.3.5　过滤装置检查

检查过滤装置设置情况，并用显微镜或专用量具测出过滤网的网孔尺寸，圆孔测直径，方形孔测量最大边长。

7.3.6　防滴性能测试

植保无人飞机在额定工作压力下进行喷雾，停止喷雾 5s 后计时，观察出现滴漏现象的喷头数，计数各喷头 1min 内滴漏的液滴数。

7.3.7 喷雾性能测试

7.3.7.1 喷雾量偏差测试

在额定工作压力下以容器承接雾液，每次测量时间 1min～3min，重复 3 次，计算每分钟平均喷雾量，再根据额定喷雾量计算喷头喷雾量偏差。

7.3.7.2 喷雾量均匀性变异系数测试

7.3.7.2.1 将植保无人飞机以正常作业姿态固定于集雾槽上方，集雾槽的承接雾流面作为受药面应覆盖整个雾流区域，植保无人飞机机头应与集雾槽排列方向垂直。

7.3.7.2.2 植保无人飞机加注额定容量试验介质，在旋翼静止状态下，以制造商明示的最佳作业高度进行喷雾作业。若制造商未给出最佳作业高度，则以 2m 作业高度喷雾。

7.3.7.2.3 使用量筒收集槽内沉积的试验介质，当其中任一量筒收集的喷雾量达到量筒标称容量的 90% 时或喷完所有试验介质时，停止喷雾。

7.3.7.2.4 记录喷幅范围内每个量筒收集的喷雾量，并按公式（4）～（6）计算喷雾量均匀性变异系数。

$$\bar{q} = \frac{\sum_{i=1}^{n} q_i}{n} \qquad \cdots\cdots (4)$$

式中：

$\bar{q}$——喷雾量平均值，单位为毫升（mL）；

q_i——各测点的喷雾量，单位为毫升（mL）；

n——喷幅范围内的测点总数。

$$S = \sqrt{\frac{\sum_{i=1}^{n} (q_i - \bar{q})^2}{n-1}} \qquad \cdots\cdots (5)$$

式中：

S——喷雾量标准差，单位为毫升（mL）。

$$V = \frac{S}{q} \times 100\% \qquad \cdots\cdots (6)$$

式中：

V——喷雾量分布均匀性变异系数。

7.3.8 作业喷幅测试

7.3.8.1 将采样卡（普通纸卡或水敏纸）水平夹持在 0.2m 高的支架上，在植保无人飞机预设飞行航线的垂直方向（即沿喷幅方向），间隔不大于 0.2m 或连续排列布置。若使用普通纸卡作为采样卡时，则试验介质应为染色的清水。

7.3.8.2 植保无人飞机加注额定容量试验介质，以制造商明示的最佳作业参数进行喷雾作业。若制造商未给出最佳作业参数，则以 2m 作业高度，3m/s 飞行速度，进行喷雾作业。在采样区前 50m 开始喷雾，后 50m 停止喷雾。

7.3.8.3 计数各测点采样卡收集的雾滴数，计算各测点的单位面积雾滴数，作业喷幅边界的两种确定方法：

a）从采样区两端逐个测点进行检查，两端首个单位面积雾滴数不小于 15 滴/cm2 的测点位置作为作业喷幅两个边界；

b）绘制单位面积雾滴数分布图，该分布图单位面积雾滴数为 15 滴/cm2 的位置作为作业喷幅两个边界，如图 2 所示。

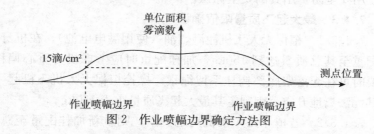

图 2 作业喷幅边界确定方法图

7.3.8.4 作业喷幅边界间的距离为作业喷幅。试验重复 3 次，取平均值。允许在一次试验中布置三行采样卡代替三次重复试验，采样卡行距不小于 5m。

7.3.9 纯作业小时生产率测试

计算纯作业小时生产率应确保植保无人飞机亩施药量不低于

0.8L，按公式（7）计算。

$$W_s = \frac{U}{T_s} \qquad\qquad \cdots\cdots (7)$$

式中：

W_s——纯喷药小时生产率，单位为公顷每小时（hm^2/h）；

U——班次作业面积，单位为公顷（hm^2）；

T_s——纯喷药时间，单位为小时（h）。

7.4 安全性能试验

7.4.1 安全防护装置检查

7.4.1.1 检查发动机、排气管的安装位置是否处于人体易触碰的区域。

7.4.1.2 检查机体上其他对人员易产生伤害的部位是否设置了防护装置。

7.4.2 安全标识检查

7.4.2.1 检查植保无人飞机的旋翼、发动机、药液箱、排气管、电池等对操作者有危害的部位是否有永久性安全标识。

7.4.2.2 检查植保无人飞机机身明显位置是否具有警示操作者使用安全防护用具的安全标识。

7.4.3 最大起飞质量限值确认

7.4.3.1 植保无人飞机注满燃油（使用满电电池）。在机身加挂配重至其总质量达到150kg，加挂配重时应考虑机身重心偏移，必要时可在起落架底部钩挂系留绳索，操控植保无人机飞机起飞，若其无法离地升空，则判定其最大起飞质量小于150kg。

7.4.3.2 若植保无人飞机离地升空，则重新加挂配重至总质量151kg，重复起飞动作，观察其能否再次离地升空，判定其最大起飞质量是否超过150kg。

7.4.4 限高、限速和限距功能测试

7.4.4.1 限高测试

在手动控制模式下操控植保无人飞机持续提升飞行高度，直至

其无法继续向上飞行,并保持该状态 5s 以上即认定为达到限高值,测量此时机具相对起飞点的最大飞行高度。

7.4.4.2 限速测试

在手动控制模式下操控植保无人飞机平飞,逐渐增加飞行速度,直至其无法继续加速,并保持该速度 5s 以上即认定为达到限速值,测量此时机具相对于地面的飞行速度。

7.4.4.3 限距测试

在手动控制模式下操控植保无人飞机平飞,逐渐远离起飞点,直至其无法继续前进即认定为达到限距值,测量此时其相对于起飞点的飞行距离。

7.4.5 电子围栏测试

7.4.5.1 在试验场地内设置 30m×30m×20m 的空间区域为电子围栏的禁飞区。操控植保无人飞机以 2m/s 飞行速度,5m 飞行高度接近直至触碰电子围栏,如图 3 所示。

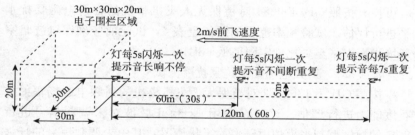

图 3 电子围栏测试过程图

7.4.5.2 观察植保无人飞机与电子围栏发生接触前后采取的措施,具体包括报警提示、自动悬停、自动返航、自动着陆等。

7.4.5.3 将植保无人飞机搬运进电子围栏区域,观察其是否有报警提示且无法启动。

7.4.6 报警和失效保护功能测试

7.4.6.1 链路中断的失效保护测试

正常飞行状态下,操控植保无人飞机持续飞行,过程中适时中断通讯链路,目测其是否悬停、自动返航或自动着陆。

7.4.6.2 低电量失效保护测试

正常飞行状态下,操控植保无人飞机持续飞行,目测其电池电量过低时,是否具有制造商声明的失效保护功能。

7.4.6.3 失效报警功能检查

检查植保无人飞机在触发失效保护时,是否能发出声、光或振动的报警提示。

7.4.7 避障性能测试

操控植保无人飞机以 2m/s 的速度飞向电线杆、树木、草垛等任一障碍物,观察植保无人飞机能否避免与障碍物碰撞。操控植保无人飞机远离障碍物,测定机具是否能重新可控。

7.4.8 电磁兼容测试

7.4.8.1 辐射骚扰限制测试

整机产生的电磁骚扰不应超过其预期使用场合允许的水平,对使用环境中其他植保无人飞机、农林机械、人和可燃物等的电磁影响可控。按照 GB/T 9254 对植保无人飞机整机的辐射电磁骚扰水平进行评估。试验频率范围和限值见表 4,试验前应确保电波暗室环境噪声电平至少比规定限值低 6dB。

7.4.8.2 射频电场辐射抗骚扰度测试

按照 GB/T 17626.3 对植保无人飞机整机的射频电磁场辐射抗扰度能力进行评估。试验设备用 1kHz 正弦波对未调制信号进行 80% 的幅度调制来模拟射频辐射干扰情况,其中未调制信号的场强为 10V/m,扫描 80mHz~2gHz 频率范围,对数期天线应分别安放在垂直极化位置和水平极化位置。

试验结果根据试验样品的功能丧失或性能降低程度分为 A、B、C、D 四个等级,见表 5。

7.5 装配和外观质量检查

用目测法检查是否符合 6.4 的要求。

7.6 操作方便性检查

通过实际操作，检查样机是否符合 6.5 的要求。

7.7 可靠性试验

7.7.1 故障分级

故障分级表见表 6。

表 6 故障分级表

故障级别	故障示例
致命故障	坠机、爆炸、起火
严重故障	发动机/电机等动力故障
	控制失效或控制执行部件故障
	旋翼损坏
	作业时机上任意部件飞出
一般故障	施药控制设备故障
	无线电通讯设备故障
	地面控制端设备故障
轻微故障	紧固件松动
	罩壳松动
	喷头堵塞

7.7.2 首次故障前作业时间考核

按累计 60h 定时截尾进行考核，记录首次故障前作业时间。

7.8 使用信息检查

7.8.1 使用说明书检查

按照 6.7.1 的要求逐项检查。

7.8.2 三包凭证检查

按照 6.7.2 的要求逐项检查。

7.8.3 铭牌检查

按照 6.7.3 的要求逐项检查。

8 检验规则

8.1 不合格项目分类

检验项目按其对产品质量的影响程度，分为 A、B 两类。不合格项目分类见表 7。

表 7 检验项目及不合格分类

项目分类	序号	项目名称	对应的质量要求的条款号
A	1	安全要求 安全防护装置	6.3.1
		安全标识	6.3.2
		最大起飞质量限值	6.3.3
		限高、限速、限距功能	6.3.4
		电子围栏	6.3.5
		报警和失效保护功能	6.3.6
		避障功能	6.3.7
		电磁兼容性	6.3.8
	2	承压性能	6.1.9
	3	密封性能	6.1.11
	4	续航能力	6.2
	5	可靠性	6.6
B	1	环境适应性	6.1.1
	2	抗风性能	6.1.2
	3	起动性能	6.1.3
	4	药液和燃料（电量）剩余量显示功能	6.1.4
	5	悬停性能	6.1.5
	6	作业控制模式切换稳定性	6.1.6
	7	飞行信息存储系统	6.1.7
	8	远程监管系统通讯功能	6.1.8
	9	药液箱	6.1.10

（续）

项目分类	序号	项目名称	对应的质量要求的条款号
B	10	手动控制模式飞行性能	6.2
	11	自主控制模式飞行精度	6.2
	12	残留液量	6.2
	13	过滤装置	6.2
	14	防滴性能	6.2
	15	喷雾性能	6.2
	16	作业喷幅	6.2
	17	纯作业小时生产率	6.2
	18	装配和外观质量	6.4
	19	操作方便性	6.5
	20	使用信息	6.7

8.2　抽样方案

8.2.1　抽样方案按 GB/T 2828.11-2008 中附录 B 表 B.1 的规定制定，见表 8。

表 8　抽样方案

检验水平	0
声称质量水平（DQL）	1
检查总体（N）	10
样本量（n）	1
不合格品限定数（L）	0

8.2.2　采用随机抽样，在制造单位 6 个月内生产的合格产品中或销售部门随机抽取 2 台，其中 1 台用于检验，另 1 台备用。由于非质量原因造成试验无法继续进行时，启用备用样机。抽样基数应不少于 10 台，市场或使用现场抽样不受此限。

8.3　判定规则

8.3.1　样机合格判定

对样机的 A、B 类检验项目逐项进行考核和判定。当 A 类不合格项目数为 0（即 A＝0）、B 类不合格项目数不超过 1（即 B≤1），判定样机为合格品；否则，判定样机为不合格品。

8.3.2 综合判定

若样机为合格品（即样本的不合格品数不大于不合格品限定数），则判通过；若样机为不合格品（即样本的不合格品数大于不合格品限定数），则判不通过。

附 录 A

（规范性附录）
产品规格确认表

产品规格确认表见表 A.1。

表 A.1 产品规格确认表

序号	项目		设计值
1	机具名称		
2	整机型号		
3	飞行控制系统		
4	空机质量，kg		
5	额定起飞质量，kg		
6	工作压力，MPa		
7	工作状态下的外型尺寸（长×宽×高），mm		
8	旋翼	材质	
		主旋翼数量，个	
		直径，mm	
9	药液箱	材质	
		额定容量，L	
10	喷头	型式	
		数量，个	
11	喷杆长度，mm		

（续）

序号	项目		设计值
12	液泵	型式	
		流量，L/min	
13	配套动力	发动机	功率/转速，kW/r/min
			油箱容量，L
		电动机	KV 值，r/（min·V）
			额定功率，W
14	电池	电压，V	
		容量，mAh	

附　录　B

（资料性附录）

航迹数字化测量系统

航迹数字化测量系统可参考配置如下：载波相位差分定位（RTK）系统（定位精度应高于水平 0.1m、高度 0.15m）、无线通讯装备、地面监视器，测量系统的安装方法如图 B.1 所示。

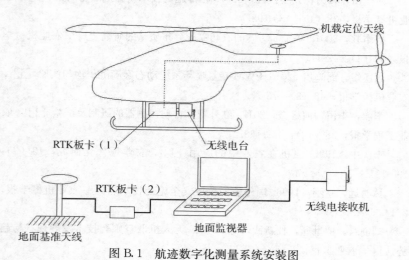

图 B.1　航迹数字化测量系统安装图

参 考 文 献

陈娇龙，朱俊平，杨福增．2013．基于 Virtools 的山地遥控拖拉机虚拟装配技术研究［J］．农机化研究，35（6）：214-217．

陈轶，施德，叶素丹．2005．新型手动喷雾器田间应用研究及推广前景［J］．中国农机化学报，（2）：66-68．

杜蒙蒙，姬江涛，何平，等，2022．农田地形测绘无人机增稳系统设计与实现［J］．农业工程，12（4）：97-101．

范庆妮，2011．小型无人直升机农药雾化系统的研究［D］．南京：南京林业大学．

傅泽田，祁力钧，1998．国内外农药使用状况及解决农药超量使用问题的途径［J］．农业工程学报，14（2）：8-9．

傅泽田，祁力钧，王俊红，2007．精准施药技术研究进展与对策［J］．农业机械学报，38（1）：189-192．

洪添胜，2001．基于 DGPS 的农药喷施分布质量的研究［J］．农业机械学报，32（4）：42-44．

蒋焕煜，周鸣川．2015．PWM 变量喷雾系统动态雾滴沉积均匀实验［J］．农业机械学报，46（3）：73-77．

李丽，李恒，何雄奎，2012．红外靶标自动探测器的研制及试验［J］．农业工程学报，28（12）：159-163．

李庆中，1992．飞机在农业中的应用［J］．农业现代化研究，13（3）：190-191．

林明远，赵刚，1996．国外植保机械安全施药技术［J］．农业机械学报，27149-154．

刘剑君，贾世通，杜新武，等．2014．无人机低空施药技术发展现状与趋势［J］．农业工程，4（5）：10-14．

刘婷韬，2014．北京市植保无人机推广前景与发展建议［J］．农业工程，

4（4）：17-19.

彭军，2006. 风送式超低量喷雾装置内流场数值模拟研究［D］．武汉：武汉理工大学．

秦维彩，薛新宇，周立新，等，2014. 无人直升机喷雾参数对玉米冠层雾滴沉积分布的影响［J］．农业工程学报，30（5）：50-56.

邱白晶，李会芳，吴春笃，等，2004. 变量喷雾装置及关键技术的探讨［J］．江苏大学学报（自然科学版），25（2）：97-100.

史岩，祁力钧，傅泽田，等，2004. 压力式变量喷雾系统建模与仿真［J］．农业工程学报，20（5）：118-121.

唐青，陈立平，张瑞瑞，等，2016. IEA-I型航空植保高速风洞的设计与校测［J］．农业工程学报，32（6）：73-81.

王昌陵，何雄奎，王潇楠，等，2016. 无人植保机施药雾滴空间质量平衡测试方法［J］．农业工程学报，32（11）：54-61.

肖英方，毛润乾，万方浩，2013. 害虫生物防治新概念生物防治植物及创新研究［J］．中国生物防治学报，29（1）：1-10.

徐博，陈立平，谭彧，等，2015. 基于无人机航向的不规则区域作业航线规划算法与验证［J］．农业工程学报，31（23）：173-178.

薛新宇，兰玉彬，2013. 美国农业航空技术现状和发展趋势分析［J］．农业机械学报，44（5）：194-201.

杨学军，严荷荣，徐赛章，等，2002，植保机械的研究现状及发展趋势［J］．农业机械学报，33（6）：129-131.

袁雪，祁力钧，冀荣华，等，2012. 温宝风送式弥雾机气流速度场与雾滴沉积特性分析［J］．农业机械学报，43（8）：71-77.

曾爱军，2005. 减少农药雾滴飘移的技术研究［D］．北京：中国农业大学．

张东彦，兰玉彬，陈立平，等，2014. 中国农业航空施药技术研究进展与展望［J］．农业机械学报，45（10）：53-59.

张慧春，Dorr G，郑加强，等，2012. 扇形喷头雾滴直径分布风洞实验［J］．农业机械学报，43（6）：53-57.

张瑞瑞，陈立平，兰玉彬，等，2014. 航空施药中雾滴沉积传感器系统设计与实验［J］．农业机械学报，45（8）：123-127.

张宋超，薛新宇，秦维彩，等，2015. N-3型农用无人直升机航空施药飘移模拟与试验［J］．农业工程学报，31（3）：87-93.

张铁，杨学军，董样，等，2012.超高地隙风幕式喷杆喷雾机施药性能试验［J］．农业机械学报，43（10）：66-71.

郑文钟，应霞芳，2008.我国植保机械和施药技术的现状［J］．问题及对策、农机化研究，（5）：219-221.